FORSCHUNGSBERICHT DES LANDES NORDRHEIN-WESTFALEN

Nr. 2923/Fachgruppe Hüttenwesen/Werkstoffkunde

Herausgegeben vom Minister für Wissenschaft und Forschung

Dipl.-Ing. Hans Stüdemann
Ing. (grad.) Ernst Lauterjung
Rudolf Grube
Forschungsinstitut für Schneidwaren und Bestecke, Solingen

Das Schleifen von rostbeständigem Stahl mit magnesitgebundenen Schleifsteinen und die Beeinflussung der Werkstoffeigenschaften durch die Schleifwärme

Westdeutscher Verlag 1980

CIP-Kurztitelaufnahme der Deutschen Bibliothek

Stüdemann, Hans:
Das Schleifen von rostbeständigem Stahl mit magnesitgebundenen Schleifsteinen und die Beeinflussung der Werkstoffeigenschaften durch die Schleifwärme / Hans Stüdemann ; Ernst Lauterjung ; Rudolf Grube. - Opladen : Westdeutscher Verlag, 1980.

(Forschungsberichte des Landes Nordrhein-Westfalen ; Nr. 2923 : Fachgruppe Hüttenwesen, Werkstoffkunde)
ISBN-13: 978-3-531-02923-8 e-ISBN-13: 978-3-322-88475-6
DOI: 10.1007/978-3-322-88475-6
NE: Lauterjung, Ernst:; Grube, Rudolf:

Gesamtherstellung: Westdeutscher Verlag

ISBN-13: 978-3-531-02923-8

INHALT

1. Einleitung

In der Schneidwarenindustrie werden zum Schleifen der geometrischen Form der geschmiedeten oder ausgeschnittenen Teile wie Messer und Scheren bei Raumtemperaturen mineralisch gebundene Schleifsteine verwendet. Diese mineralisch gebundenen Steine, auch als kaltgebundene "Magnesitsteine" bezeichnet, werden besonders deshalb verwendet, weil bei den in der Schneidwarenindustrie erforderlichen großen Spandicke hiermit ein ziemlich kühler Schliff erreicht wird und weil die Fertigung dieser Schleifsteine im Gegensatz zu anderen gebundenen Steinen (keramische, Kunststoff- oder Gummibindungen) mit bedeutend geringerem Investitionskostenaufwand verbunden ist. Die Herstellung derartiger kaltgebundener Schleifsteine erfolgt, indem man gebranntes Magnesium-Carbonat (Magnesiumoxid) mit Magnesiumchloridlauge unter Beimischung von Schleifmitteln vermengt und bei Raumtemperatur über einen größeren Zeitraum (mindestens 4 Wochen) aushärten läßt. Die Schleifsteinhersteller beeinflussen dabei die Schleifsteinhärte durch Wahl des Mischungsverhältnisses und der Bedingungen bei der Abbindung (Aushärtung).

Bei einem früheren Forschungsvorhaben (2409), bei dem derartige aus der Fertigung stammende Schleifsteine überprüft wurden, hat sich gezeigt, daß diese Steine bei angeblich gleichartiger Fertigung im Arbeitsverhalten erhebliche Unterschiede aufwiesen. Letzteres dürfte wohl darauf zurückzuführen sein, daß nicht nur die schwankende Zusammensetzung der Steine - wie bei späteren Untersuchungen festgestellt wurde - sondern auch die Art des verwendeten Magnesits und der Magnesiumchloridlauge ebenso wie Feuchtigkeit und Temperatureinflüsse bei der Abbindung und Lagerung für die Qualität der Schleifsteine von Bedeutung sind. Hinzu kommt der Einfluß, der sich aus der Art des verwendeten Schleifmittels ergibt. Diese Bedingungen haben dabei einen mehr oder weniger großen Einfluß auf die beim Schleifen der Schneidwaren bei unterschiedlich großer Materialabtragung erreichte Rauhtiefe und auf die durch Oberflächenerwärmung beim Schleifen bedingte Änderung der Korrosionsbeständigkeit des Stahles und die Änderung der mechanischen Eigenschaften der Schneidwaren (z. B. Schneidhaltigkeit). Da Angaben über Bindung- und Schleifmitteleinfluß der kalt ausgehärteten Magnesitsteine nicht vorliegen, sollten in dem Forschungsvorhaben die Einflüsse der Herstellungsart auf Härte und Festigkeit und der des Schleifmittels auf das Schleifverhalten untersucht werden. Die Schleifversuche wurden an dem zur Herstellung von Schneidwaren viel verwendeten Stahl X 45 CrMoV 15 (Werkstoff-Nr. 1.4116) vorgenommen. Besonders beurteilt wurden dabei die erzielbare Oberflächengüte und der Einfluß auf die der Oberfläche nahe gelegenen Schichten. Berücksichtigt wurden auch die Ergebnisse aus dem früher im Forschungsinstitut durchgeführten Forschungsvorhaben 2409 (Auswirkungen des Schleifens bei der Feinstbearbeitung von rostbeständigem Stahl). In letztgenanntem Bericht sind auch die hier verwendeten Versuchseinrichtungen und die Versuchsergebnisse angegeben.

Da die Fertigung der kaltgebundenen Magnesitsteine sowohl von der Herstellung der Steine aus (Schleifmittelart, Schleifmittelanteil) als auch aufgrund der Auslagerungsbedingungen viele Variationen aufweist und die Eigenschaften der Steine wie Bruchfestigkeit, Zugfestigkeit, Biegefestigkeit und Härte bisher kaum bekannt sind, waren Vorversuche notwendig, ehe mit der Herstellung von Steinen und ihrer Untersuchung begonnen werden konnte. So schien es besonders zweckmäßig, die Abhängigkeit der Festigkeitseigenschaften von der Zusammensetzung des Binde- und Schleifmittelanteils und den Bedingungen bei der Abbindung zu klären. Diese Untersuchungen sollten weniger dazu dienen, genauer zu begründende Abhängigkeiten der einzelnen Eigenschaften von Zusammensetzung und Herstellungsart der Steine zu erforschen als vielmehr die Bereiche abzugrenzen, innerhalb deren eine Steinherstellung noch sinnvoll ist (z. B. noch ausreichende Festigkeitseigenschaften). Auch sollten überschlägige Vergleiche mit anderen Steinarten (z. B. keramischen oder kunststoffgebundenen Steinen) angestellt werden.

Aufgrund der Ergebnisse aus den Vorversuchen wurden dann Steine verschiedener Zusammensetzung hergestellt, deren Verhalten beim Schleifen des gehärteten rostbeständigen Stahls X 45 CrMoV 15 untersucht wurden.

2. Grundstoffe der Schleifsteinbindung

2.1 Technisches Magnesiumoxid (Magnesit)

Das für die Schleifsteinherstellung verwendete Magnesiumoxid wird aus dem bergbaumäßig abgebauten Magnesiumcarbonatgestein durch Brennen bei 1600° bis 1800° C gewonnen. Dabei wird dem Magnesiumcarbonat ein großer Teil des vorhandenen Kohlendioxids entzogen. Der Magnesit enthält danach neben Eisen, Calcium und Silicium etwa 75 bis 85 % Magnesiumoxid. Das gebrannte Gestein ist amorph, ist leicht zu zerbröckeln und wird in Kugelmühlen zu Pulver gemahlen. Dabei ergeben sich verschiedene Korngrößen. Für die Schleifsteinherstellung werden hauptsächlich die Korngrößen 4900 und 900 bzw. auch 6400 verwendet. Dabei dient die Korngröße 6400 als Beimischung im wesentlichen zur Steuerung der Abbindung. Die Korngrößen sind angegeben nach DIN 1171. Bei der Sortierung der einzelnen Korngrößen durch Absaugung ist durch die Eigenart der Arbeitsweise eine größere Bandbreite innerhalb der Korngröße gegeben. Bei der Kontrolle der Korngrößen durch Siebung von insgesamt 4 x 50 kg = 200 kg (4 Sack) ergab sich die in Abb. 1 aufgezeichnete Verteilung. Die Maschengröße der Siebe sowie die dazugehörige Abstufung der Korngrößen nach der DIN-Norm ist aus der Abb. 1 ersichtlich. Die dünnen Linien in der Abbildung zeigen den Prozentsatz von je 50 kg (1 Sack). Die stark ausgezogenen Linien geben den Prozentsatz der gesiebten gesamten Menge von 200 kg Magnesit an. Es zeigt sich damit, daß bei dem technisch aus 4900 gesiebten Korn nicht etwa ein gleich großes Korn vorliegt, sondern die Korngrößenverteilung durch das Absaugverfahren ein breites Band unterschiedlicher Korngrößen ergibt, d. h. daß die Schwankungen innerhalb der festgelegten Korngrößen 4900 sehr groß sein können. Das bedeutet, daß damit auch unterschiedliche Abbindungsverhältnisse vorliegen müssen (siehe Kap. 4.7.2).

Durch das Brennen des Magnesiumcarbonats ergibt sich ein poröses hygroskopisches Magnesitkorn. In diese Poren des Magnesits dringt die Magnesiumchloridlauge ein und führt zu einer steinartigen Aushärtung. Das hygroskopische Ver-

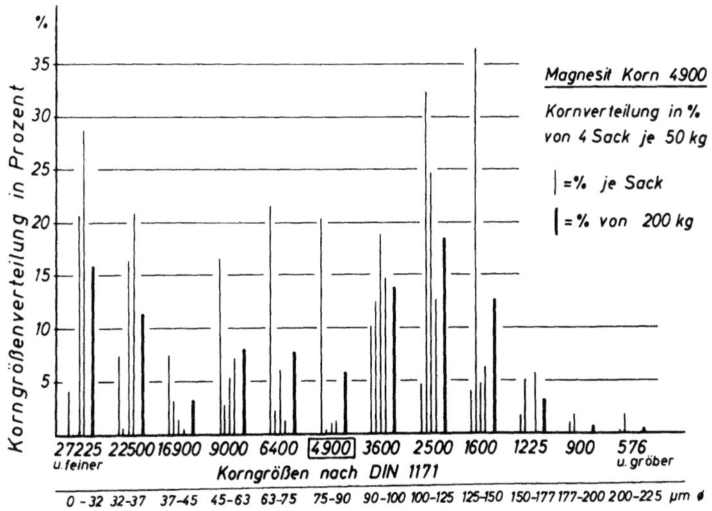

Abb. 1: Prozentuale Korngrößenverteilung von fabrikationsmäßig zur Schleifsteinherstellung verwendetem Magnesit der Körnung 4900; Anteilbestimmung durch Siebung

halten des Magnesitkorns führt dazu, daß durch aufgenommene Feuchtigkeit bereits eine Verhärtung eintritt. Diese durch Wasser erreichte Abbindung und Härte würde jedoch noch nicht für die Herstellung von Schleifsteinen ausreichen. Sie wirkt sich aber nachteilig auf das Vormaterial bei der späteren Steinherstellung aus. Aus diesem Grunde erfolgt der Versand des Magnesits und die Lagerung in luftdichten Papiersäcken. Trotz luftdichter Verpackung wurde jedoch bei einer 24-stündigen Trocknung bei 110° C des frisch aus den Papiersäcken genommenen Magnesits noch ein Feuchtigkeitsgewichtsanteil von ca. 0,75 % festgestellt.

2.2 Technisches Magnesiumchlorid (Lauge)

Magnesiumchlorid wird als Nebenprodukt des Salzbergbaues gewonnen. Von den Schleifsteinherstellern wird die Magnesiumchloridlauge entweder mit einer Dichte von 30° Bé bzw. 1,263 g/cm³ bezogen oder erst beim Schleifsteinhersteller aus Magnesiumchlorid und Wasser ($MgCl_2 + 6\ H_2O$) hergestellt.

2.3 Vorgänge bei der Steinbildung

Die Magnesiumchloridlösung dringt beim Mischen mit dem Magnesiumoxid in die hochdispersen Magnesiumoxidkörner ein. Es bilden sich dabei basische Chloride mit in etwa der Zusammensetzung $MgCl_2 \cdot 5\ Mg(OH)_2$ bzw. $MgCl_2 \cdot 3\ Mg(OH)_2$. Es wird angenommen, daß sich hierdurch die einzelnen Körner des Magnesiumoxids dehnen, aneinandergepreßt und durch die Adhäsionskräfte zusammengehalten werden. Dabei wird angenommen, daß sich an den einzelnen Körnern feine nadelartige Kristalle von Magnesiumhydroxidchloriden bilden, die aus zwei Körnern ineinanderwachsen und somit eine Verkettung der Körner bewirken. Es ergibt sich dabei eine Abbindung unter Härtung. Bei der Bildung des Magnesiumhydroxidchlorids

entsteht eine Wärmeentwicklung, die zur Beschleunigung des Abbindungsprozesses führt. Daher hat der Anteil des Magnesiumchlorids in der Lauge ebenso wie auch die Auslagerungstemperatur einen Einfluß auf den Verlauf der Abbindung.
Der Zusammenhang zwischen Abbindungstemperatur und Abbindungszeit geht dabei aus der Abb. 2 hervor.

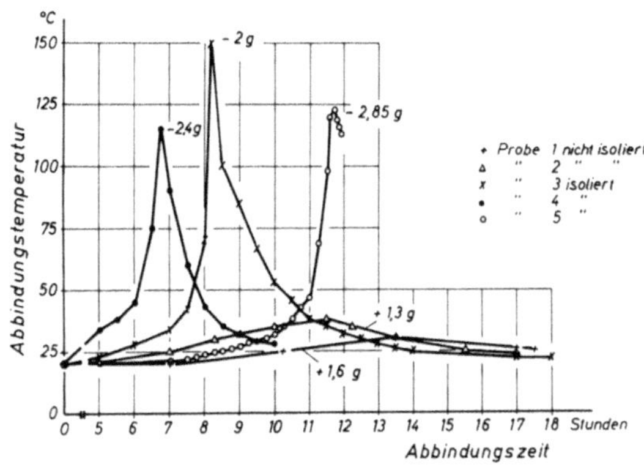

Abb. 2: Temperaturverlauf während der Abbindung des Gemisches Magnesit - Magnesiumchlorid und die nach der Verfestigung (nach der Temperaturspitze) gemessene Gewichtsänderung bei 210 g (100 g Magnesit + 110 g Lauge) Einsatzgewicht.
Probengrösse ca. 60 Ø x 50 mm
Hohe Abbindungstemperaturen: Versuchsproben gegen Wärmeabstrahlung isoliert - Gewichtsabnahme
Niedrige Abbindungstemperaturen: Versuchsproben nicht gegen Wärmeabstrahlung isoliert - Gewichtszunahme

In dem Kurvenblatt sind die bei der Abbindung sich ergebenden Gewichtsänderungen der zur Untersuchung verwendeten Probenkörper mit eingetragen. Die hierbei gemessenen Gewichtsänderungen -2 g; -2,85g; +1,3 g und +1,6 g bei einem Ausgangsgewicht von 210 g (100 g Magnesit + 110 g Lauge) sind bei den niedrigeren Abbindungstemperaturen (Kurven 1 und 2) bedingt durch die Aufnahme von Feuchtigkeit aus der Luft, da das Magnesiumchlorid hygroskopisch ist. Die Gewichtsabnahme bei den hohen Temperaturen dürfte dagegen durch Verdampfung des aus der Lauge stammenden Wassers und eventuell durch Abgabe von Hydratwasser entstanden sein.

Die vollkommene Bildung von Magnesiumhydroxidchlorid $Mg\,Cl_2 \cdot 5\,Mg\,(OH)_2 \cdot X(H_2O)$ soll nach Literaturangaben in einer Zeit von ca. 8 bis 10 Tagen abgeschlossen sein. Nach ca. 15 Tagen soll dann eine Umwandlung des Magnesiumhydroxidchlorids in $Mg\,Cl_2 \cdot 3\,Mg\,(OH)_2 \cdot X\,H_2O$ beginnen, die wiederum nach ca. 90 Tagen beendet ist.

Die Bildungsgeschwindigkeit des Magnesiumhydroxidchlorids ist von der Zusammensetzung der verwendeten Magnesiumchloridlösung, der Aktivität des Magnesiumoxids und der Art der Durchmischung der beiden Komponenten abhängig. Das geht auch aus den Kurven 3, 4 und 5 der Abb. 2 hervor. Die aufgetragenen Versuchsergebnisse wurden an Proben ermittelt, die bei gleicher Zusammensetzung zu verschiedenen Zeiten hergestellt wurden. Von Bedeutung erscheint dabei weniger die Höhe der maximalen Abbindungstemperatur und des Gewichtsverlustes, die von unterschiedlichen Isolationsbedingungen abhängig sein können, als vielmehr die sehr unterschiedlichen Abbindungszeiten, bei denen diese Maxima auftreten. Sofern durch entsprechende Wärmeabfuhr keine nennenswerte Temperatursteigerung während der Abbindung erfolgt, und das ist bei der Lagerung der hier gewählten verhältnismäßig kleinen Proben an der Luft der Fall, kommt es mit der Zeit zur Gewichtszunahme, die wesentlich von der Zeit und vom Feuchtigkeitsgehalt der Luft abhängig ist. Eine solche Gewichtszunahme der Proben, die an normaler Luft lagerten, zeigt die Abb. 3. Es soll dabei

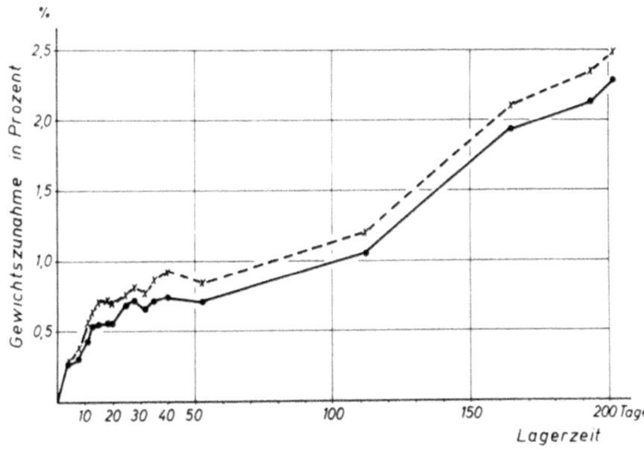

Abb. 3: Prozentuale Gewichtszunahme von Proben (30 x 30 x 100 mm) mit Schleifmittel, gemessen über eine Lagerzeit von ca. 200 Tagen im nichtklimatisierten Raum bei ca. 20° C Raumtemperatur und 50 bis 70 % Luftfeuchtigkeit

●———● Gewichtszunahme bezogen auf das Gesamtgewicht

X------X Gewichtszunahme bezogen auf das Gewicht des Bindungsanteils (Magnesit + Lauge)

noch einmal herausgestellt werden, daß die vorhandenen Schwankungen innerhalb der Kurvenzüge vermutlich von der unterschiedlichen Beeinflussung der Umwandlung durch Luftfeuchtigkeit und geringe Temperaturänderungen zustande gekommen sind.

3. Eigenschaften der abgebundenen Proben

3.1 Zusammensetzung

Bei der Schleifsteinherstellung wird als übliche Zusammensetzung eine Bindung von 100 Gewichtsanteilen griechischen Magnesits der Körnung 4900 mit 110 Gewichtsanteilen Magnesiumchloridlauge der Dichte 1,263 g/cm^3 bei intensiver Mischung angewandt ("Normalbindung"). Abweichungen von dieser "Normalbindung" bzw. die Verwendung von Magnesiumoxid anderer Herkunft und anderer Korngröße sowie eine vorausgegangene Alterung des Magnesits ändern die Abbindungszeit und die Härte der Schleifsteine. Bei den nachfolgenden Untersuchungen soll die Normalzusammensetzung von 100 Gewichtsteilen Magnesit zu 110 Gewichtsteilen Lauge zugrundegelegt werden.

3.2 Gewichtsänderung von gegossenen Proben der "Normalbindung" durch den Einfluß der Luftfeuchtigkeit

Sowohl der gebrannte Magnesit wie auch die Bindung des Magnesits mit dem Magnesiumchlorid weisen unter Einfluß der Luftfeuchtigkeit Gewichtsänderungen auf. Die Gewichtsänderung soll im Folgenden näher untersucht werden. Dazu wurden aus gegossenen Proben 30^2 x 100 mm nach ihrer Abbindung (20 Tage) Würfel mit 30 mm Seitenlänge herausgearbeitet. Die Außenfläche dieser Würfel wurde dabei durch Schleifen (Trockenschliff) auf Maß gebracht. Durch das Schleifen sollte gleichzeitig bewirkt werden, daß die vom Gießen herrührende glatte, geschlossene Oberflächenhaut zur besseren Feuchtigkeitsaufnahme bzw. -abgabe bei der Probe beseitigt wurde. Das erschien notwendig, da die Arbeitsfläche der Schleifsteine ebenfalls angeschliffen ist. Die so hergestellten Würfel wurden 41 Tage bei 110° C getrocknet und anschließend bei einer Temperatur von ca. 20° C und einer relativen Luftfeuchtigkeit von ca. 60 % gelagert. Die sich beim Trocknungsvorgang und bei der Auslagerung ergebenden Gewichtsänderungen sind in der Abb. 4 aufgetragen. Dabei betrug das Gewicht je Würfel im Mittel 48,2 g. Dieser Wert ist als 100 % eingesetzt.

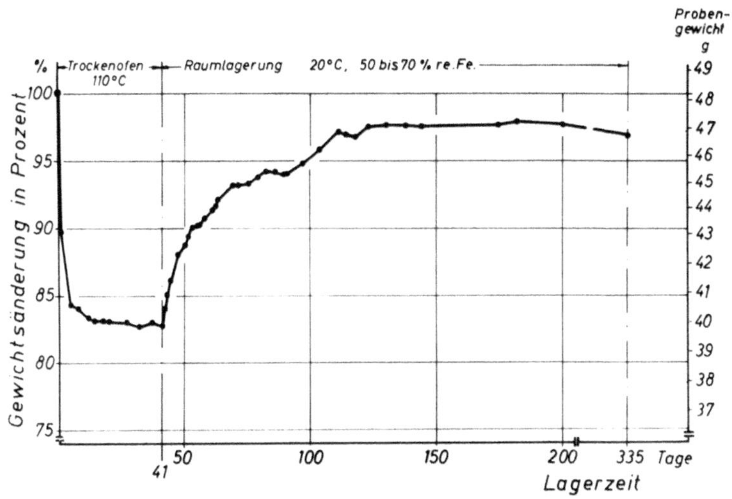

Abb. 4: Mittlere Gewichtsänderung in Prozent und Gramm von Proben (30 x 30 x 30 mm) aus Magnesit und Lauge durch Austrocknung nach der Abbindung und anschließender Lagerung im nichtklimatisierten Raum bei ca. 20°C Raumtemperatur und 50 bis 70 % Luftfeuchtigkeit

Zunächst wurde bei der Zwischenkontrolle während des Trocknungsvorgangs am 15. Tag ein Gewichtsverlust von 8,2 g = 17 % festgestellt. Die weiteren Gewichtsverluste bis zum 41. Tage, d. h. bis zum Ende des Trocknungsablaufs, waren minimal. Wenn man die verdunstete Wassermenge auf das Würfelvolumen bezieht, so ergibt sich ein Wasserverlust von 30,37 % des Würfelvolumens.

Während der Lagerung bei Zimmertemperatur von ca. 20° C und einer etwas schwankenden relativen Luftfeuchtigkeit von 50 bis 70 % zeigten die getrockneten Proben einen Wiederanstieg des Gewichts entsprechend Abb. 4. Die maximale Feuchtigkeitsaufnahme stellte sich bereits bei einer Lagerung von ca. 120 Tagen ein. Dem bei den Versuchen festgestellten geringen Gewichtsabfall im Bereich des 200. bis 335. Tages (Abb. 4) wurde zunächst keine größere Bedeutung beigemessen, da angenommen wurde, daß die Gewichtsabnahme durch die jahreszeitlich bedingten Unterschiede in den Luftfeuchtigkeitsverhältnissen hier bei der Lagerung im Wesentlichen bedingt waren. Spätere Versuche ergaben jedoch, daß bei einer Lagerung der Proben in einem Klimaraum bei 20 bis 22° C und 60 bis 65 % relativer Luftfeuchtigkeit nicht nur Wasser aus den Proben austritt. An den Lüftern des Klimaraumes wurden weißliche Niederschläge festgestellt, deren qualitative Untersuchung ergab, daß hier sowohl Chlor als auch Magnesium zur Ausscheidung gekommen war. Daraus muß geschlossen werden, daß mit dem Wasser auch ein Teil des Magnesiumchlorids verdunstet. Eine Überprüfung, in welchem Stadium der Austrocknung es noch zu nennenswerten Abgaben von Magnesiumchlorid kommt, erfolgt nicht, da dies über den Rahmen des Forschungsvorhabens hinausgegangen wäre.

3.3 Gewichtsänderung durch Auslaugen der Proben in Wasser

Im Abschnitt 3.2 wurde über die Gewichtszunahme während der Abbindungs- und Aushärtezeit durch die Einwirkung der Luftfeuchtigkeit berichtet. Es wurden nun in den folgenden Versuchen gegossene, abgebundene und 505 Tage abgelagerte Proben, die vor der Prüfung bei 110° C 32 Tage lang getrocknet wurden, in Wasser gelegt und diese Proben auf

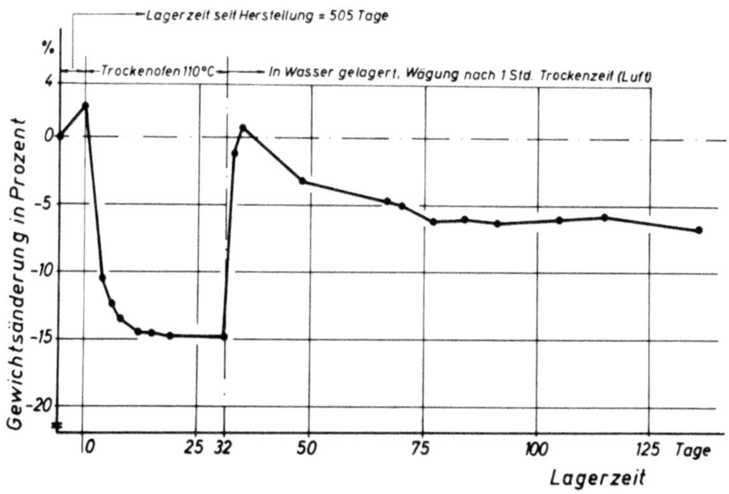

Abb. 5: Prozentuale Gewichtsänderung von Proben (30 x 30 x 100 mm) nach Lagerung von ca. 505 Tagen an Luft und anschließender Austrocknung im Trockenofen bei 110°C sowie nachfolgender Lagerung im Wasser

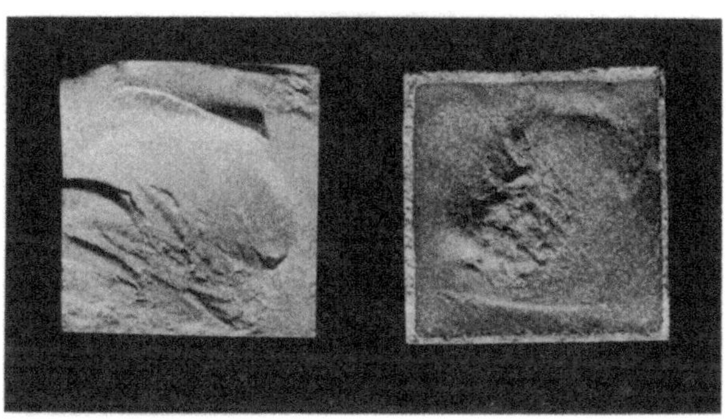

a b

Abb. 6: Probenquerschnitte gebrochener Proben
a) Bei Raumklimaverhältnissen abgebunden und gelagert (ca. 20°C, 50-70 % Luftfeuchtigkeit)
b) zusätzlich 4 Tage in Wasser gelagert

ihre Gewichtsänderung hin untersucht. Die bei den Versuchen durchgeführten Zwischengewichtskontrollen fanden jeweils nach einer 1-stündigen Lagerung an Luft nach der Entnahme aus dem Wasser statt. In Abb. 5 sind die jeweiligen Gewichtsänderungen in Prozent aufgeführt. Sie gelten bezogen auf das Ausgangsgewicht der Bindungsanteile bei der Herstellung der Schleifkörper und Festigkeitsproben.

Durch die 505-tägige Lagerung an der Luft bei Raumtemperatur ist eine Gewichtszunahme von ca. 2% eingetreten. Die anschließende Austrocknung bei 110° C brachte einen Feuchtigkeitsentzug von ca. 15 % gegenüber dem Ausgangsgewicht. Bei der weiteren Lagerung dieser Proben in destilliertem Wasser trat dann nach 3 Tagen eine solche Gewichtszunahme ein, daß das alte Mischungsverhältnis erreicht bzw. etwas überschritten wurde (ca. 1 %). Bei weiterer Lagerung in Wasser kommt es dann zu Lösungsvorgängen, wobei nach der hier gewählten Versuchszeit von 104 Tagen ein Gewichtsabfall von 6 % erreicht wurde. Die Proben zeigten dabei in der Oberfläche einen Lösungsangriff und ein ausbröckelndes Verhalten, d. h. also, daß die Festigkeit bzw. die Bindungskraft - zumindest im Bereich der Oberflächenschichten - wesentlich nachgelassen haben muß. Ebenso traten Spannungsrisse in der Oberfläche auf. Die Abb. 6 zeigt einmal die Bruchfläche einer Probe, die nicht in Wasser gelagert wurde (Abb. 6 a) und zum anderen die Bruchfläche einer 4 Tage in Wasser gelagerten Probe (Abb. 6 b). In der Abb. 6 b ist deutlich am äußeren hellen Rand die Schicht zu erkennen, in der Lösungsvorgänge durch das Wasser erfolgt sind.

3.4. Acidität bzw. Basizität der Ausgangsstoffe bei der Steinherstellung bzw. Lagerung

Durch das Wasser, in dem die Proben gelagert wurden, können mit den Ausgangsstoffen der Steinherstellung und des Wassers chemische Reaktionen und besonders Neutralisationsvorgänge auftreten. Es wurden daher die Ausgangsstoffe, wie die Flüssigkeiten, mit denen der Schleifstein in Berührung kommt, auf ihren pH-Wert hin überprüft. Aus den Messungen der pH-Werte war zu entnehmen, daß die Schleifsteine als praktisch neutral zu bezeichnen sind. Da aber durch die gegebenenfalls vorhandene Acidität der Schleifflüssigkeit bei den Werkstücken aus an sichrostbeständigem Stahl Korrosion auftreten kann, werden Zusätze zum Schleifwasser gegeben, die ihm einen stärker basischen Charakter verleihen. Bei der Korrosionsbildung ist allerdings auch der durch Chlorionen entstehende Lochfraß von Bedeutung. Dabei ist noch zu berücksichtigen, daß der hier vorliegende pH-Wert bei Leitungswasser in verschiedenen Orten und Gegenden stärker abweichend sein kann, wodurch eine Veränderung der Menge der basischen Zusätze erforderlich wird.

4. Festigkeitsuntersuchungen an abgebundenen Proben

4.1 Probengröße, Probenanfertigung und verwendetes Material

Von wesentlicher Bedeutung für den Widerstand des Ausbrechens eines einzelnen Schleifkornes aus dem Verband des Schleifsteines ist seine Härte. Das Ausbrechen ist aber auch abhängig von der Haftfähigkeit zwischen Bindung und den einzelnen Schleifkörnern. Bei den magnesitgebundenen Schleifsteinen ist das einzelne Schleifkorn von den Bindungsanteilen vollkommen eingebettet, im Gegensatz zu den keramisch gebundenen Schleifsteinen, bei denen die gebrannte keramische Bindungsmasse nach dem Brennen das Schleifkorn zwar noch umhüllen soll, aber im allgemeinen die einzelnen Körner nur durch einen Steg verbindet.

Die magnesitgebundenen Schleifsteine werden zum größten Teil als Topf-Schleifsteine verwendet. Während des Schleifprozesses wird dabei ein solcher Topf-Schleifstein auf Druck, Zug und Biegung belastet. Dabei entsteht der Druck durch die Schleifsteinpressung auf das Werkstück, der Zug durch die Zentrifugalkraft infolge der Schleifsteinumdrehung und die Biegung durch die einseitige Belastung des Steines während des Schleifprozesses.
Da die Angaben über Festigkeitseigenschaften von reinen Magnesit-Magnesiumchlorid-Bindungen in der Literatur recht unterschiedlich sind, erschien es zweckmäßig, für die

durchzuführenden Versuche mit Magnesitschleifsteinen die Festigkeitseigenschaften der hier zu verwendeten Bindungen zu überprüfen. Es wurden daher Versuchsproben für die Festigkeitsuntersuchungen hergestellt, die in ihren Abmessungen entsprechend den Normproben für Steinholzbindung (DIN 273) gewählt wurden. Maße und Form der Proben sind aus der Abb. 7 ersichtlich.

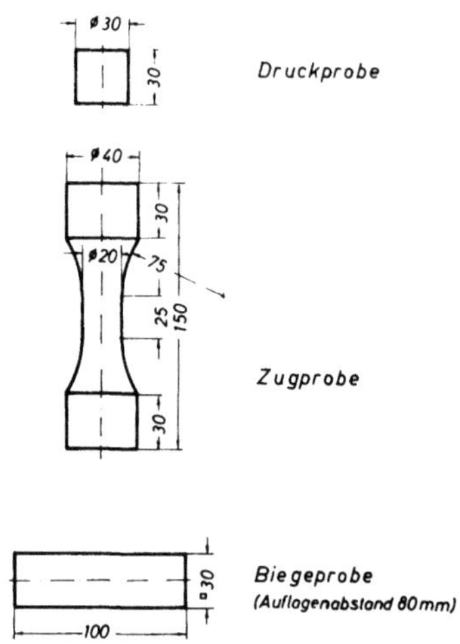

Abb. 7: Abmessungen der Druck- Zug- und Biegefestigkeitsproben.

Die Anfertigung der Proben erfolgte in besonders hierfür hergestellten Kunststofformen, in welche die Proben abgegossen wurden. Es wurden hier Formen geringer Wandstärke gewählt, damit auftretende unterschiedliche Spannungen beim Abbinden des Magnesits durch verhältnismäßig leichte Deformationsfähigkeit des Formenmaterials ausgeglichen werden konnten. Da die Oberflächen der gegossenen Proben, d. h. die Flächen, die nicht an der Wand der Form anlagen, einige Unebenheiten aufwiesen, wurden diese Oberflächen bei den Biege- und Druckproben auf Maß geschliffen. Das Schleifen erfolgte auf einer Flachschleifmaschine ohne Wasserkühlung, wobei die Schleifsteinzustellung sehr klein gewählt wurde, um eine stärkere Erwärmung der Probe zu vermeiden.

Bei der Zug- und Biegeprüfung ließ sich wegen der geringen plastischen und elastischen Verformbarkeit der Proben nur die Bruchgrenze feststellen. Bei der Druckprüfung wurde in vielen Fällen vor dem Entstehen der eigentlichen vollständigen Zerstörung der Probe zunächst ein Reißen (Längsriss) in Druckrichtung festgestellt, während ein vollkommener Bruch erst nach weiterer Belastungssteigerung auftrat. Die Proben zeigten damit ein Verhalten, wie es auch bei anderen keramischen Bindungen festgestellt wurde.

Als Mischung für die Vorversuche wurde - sofern nicht besonders erwähnt - die Normalmischung mit 100 Gewichtsanteilen Magnesit der Körnung 4900 und 110 Gewichtsanteile Lauge verwendet. Dabei wurden die Grundstoffe, d.h. Magnesit und Magnesiumchloridlauge der laufenden Produktion von Schleifsteinen entnommen.

4.2. Einfluß der Verarbeitung des Magnesits auf die Druckfestigkeit der Bindung

4.2.1 Druckfestigkeitsänderung während der Abbinde- und Aushärtungszeit von ungesiebtem und gesiebtem Magnesit der Körnung 4900

Der pulverförmige Magnesit wurde sowohl ungesiebt als auch gesiebt zur Herstellung der Bindung verwendet. Durch die Siebung sollten insbesondere staubförmige Bestandteile entfernt werden, damit die Lauge besser und gleichmäßiger die einzelnen Magnesitkörner benetzen kann. Die an den hergestellten Proben ermittelten Druckfestigkeitswerte sind für ungesiebten Magnesit in Abb. 8 und für gesiebten Magnesit in Abb. 9 in Abhängigkeit von der Lagerzeit aufgetragen. Als Druckfestigkeit wurde die Spannung festgelegt, bei der der erste äußere Anriß bzw. Anbruch auftrat. Die hier aufgetragenen Werte zeigen einen verhältnismäßig breiten Streubereich. Trotzdem läßt sich aus den Abb. 8 und 9 erkennen, daß im Bereich von 10 bis

35 Tagen Lagerzeit die erreichte Druckfestigkeit mit im Mittel 8000 N/cm² bei Verwendung von gesiebtem Magnesit deutlich höher ist als die Druckfestigkeit mit ca. 6000 N/cm² bei nicht gesiebtem Magnesit.

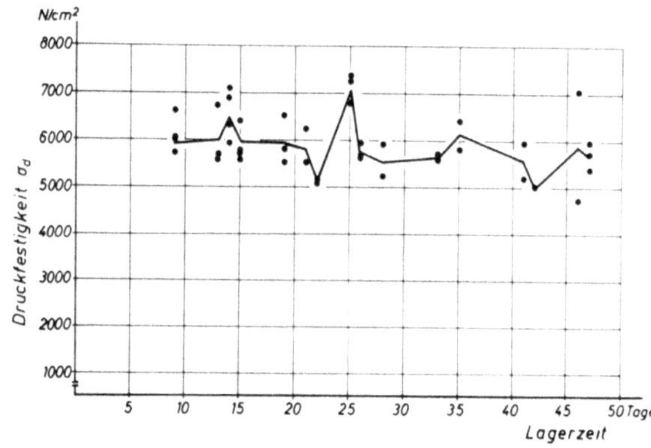

Abb. 8: Druckfestigkeiten von Abbindungsproben (Magnesit+ Lauge) in Abhängigkeit von der Lagerzeit Mischungsverhältnis: Gewichtsanteile Magnesit : Lauge= 1:1,1
Magnesit: Körnung 4900 <u>ungesiebt</u>

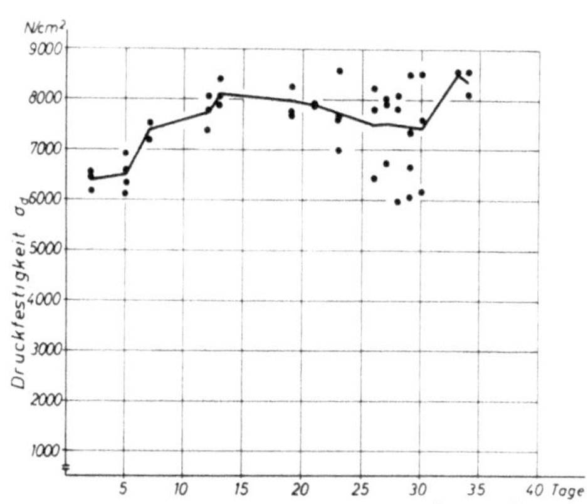

Abb. 9: Druckfestigkeiten von Abbindungsproben (Magnesit+ Lauge) in Abhängigkeit von der Lagerzeit Mischungsverhältnis: Gewichtsanteile Magnesit : Lauge= 1:1,1
Magnesit: Körnung 4900 <u>gesiebt</u>

Bei der Auftragung der Mittelwerte aus den Ergebnissen der Druckprüfung an Proben gleicher Lagerzeit, wie sie in Abb. 10 wiedergegeben sind, zeigt sich eine eindeutige Abhängigkeit der Druckspannung von der Lagerzeit nur bis zu 13 Tagen Lagerzeit, da die Werte nur bis hierhin mit einiger Sicherheit ansteigen. Das gilt sowohl für die Bruchspannung als auch für die Spannung beim ersten Anreißen. Über ein Lagerzeit von 13 Tagen hinaus ist eine Abhängigkeit beider Spannungen von der Auslagerzeit nicht mehr festzustellen.

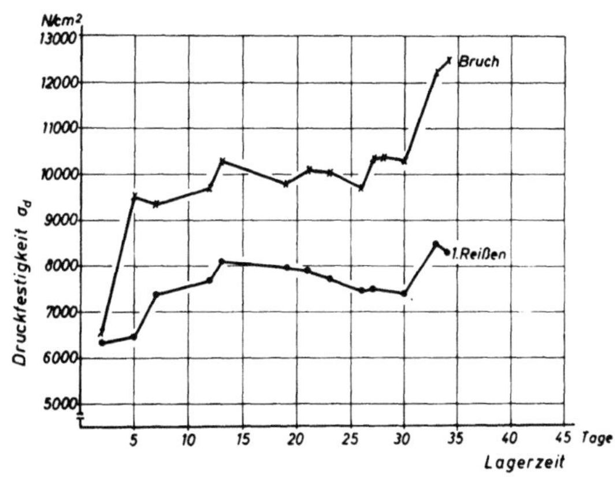

Abb. 10: Erster Anriß und vollständiger Bruch bei Druckproben in Abhängigkeit von der Lagerzeit

4.2.2 Einfluß des Nachglühens von Magnesit auf die erreichbare Druckfestigkeit der Bindung

Der durch Brennen von Magnesiumcarbonat bei 1600 bis 1800° C erhaltene Magnesit ist hygroskopisch und neigt zur Aufnahme von Kohlendioxid aus der Luft. Durch ein Nachglühen bei Temperaturen von 550° C, 600° C, 700° C, 850° C und 1000° C wurde einem für die Untersuchung zur Verfügung stehenden abgelagerten Magnesit die bereits aufgenommene Feuchtigkeit entzogen. Außerdem wurde bei höheren Temperaturen zusätzlich noch Kohlendioxid aus dem Anteil am nicht zerfallenen Magnesiumcarbonat ausgeschieden. Die Ergebnisse aus der Druckprüfung an der aus diesen geglühten und ungesiebten Materialien gefertigten Proben zeigt die Abb. 11. Trotz starker Streuung der einzelnen Werte kann ein Anstieg der Druckfestigkeit mit der Glühtemperatur festgestellt werden.

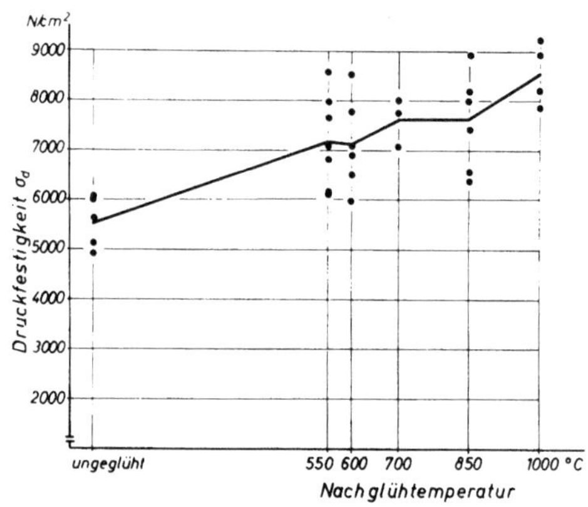

Abb. 11: Änderung der Druckfestigkeit der Bindung durch Nachglühen des Magnesits.
Körnung 4900 ungesiebt geglüht zwischen 550 und 1000° C
Mischungsverhältnis: Gewichtsanteile Magnesit: Lauge = 1:1,1

4.3 Untersuchungen über die Zugfestigkeit der Magnesitbindung

Ein Einfluß der Auslagerungszeit auf die Zugfestigkeit konnte aufgrund der großen Streuung der gefundenen Einzelwerte nicht festgestellt werden. Bei der Prüfung der Zugfestigkeit wurden Werte zwischen 110 und 260 N/cm² ermittelt. Bei den Zugproben, die aus nachgeglühtem Magnesit gefertigt wurden, lag die Zugfestigkeit niedriger, und zwar zwischen 80 und 160 N/cm². Einzelne Proben erreichten aber auch hier eine Festigkeit von bis zu 280 N/cm². Da zu vermuten war, daß die gefundene starke Streuung in den Zugfestigkeitswerten nicht allein auf die Bindung, sondern auch auf die Art der Fertigung zurückzuführen ist, wurden die Brüche genauer untersucht. Es zeigte sich, daß zum Teil eine größere Anzahl von stecknadelkopfgroßen Poren vorhanden war. Wahrscheinlich werden diese Poren durch Luft gebildet, die bei der Herstellung der Proben aus der recht steifen Masse beim Anrühren mit eingeschlossen wird und bei der Abbindung nicht mehr entweichen kann. Da diese Poren bei der Herstellung von Zugproben nicht zu vermeiden sind, wurde zunächst die Bestimmung der Zugfestigkeit nicht weiter verfolgt.

4.4 Untersuchungen über die Biegefestigkeit der Magnesitbindung

Für die Prüfung der Biegefestigkeit wurden Proben in der Größe 30 X 30 X 100 mm gefertigt und diese Proben durch eine Mittellast bei einem Auflageabstand von 80 mm auf ihre Festigkeit hin überprüft. Auch hier wurde als Ausgangsmaterial zur Probenherstellung Magnesit in ungesiebter und gesiebter Form verwendet. Ebenfalls wurde der Einfluß des Nachglühens des Magnesits auf die Biegefestigkeit untersucht.

Abb. 12 zeigt die Biegefestigkeit von Proben. Die Proben wurden in Abhängigkeit von der Lagerzeit unter Verwendung von ungesiebtem Magnesit hergestellt. Mit steigender Lagerzeit ist ein Abfallen der Biegefestigkeit festzustellen. Das heißt also, daß die Biegefestigkeit mit der Auslagerungszeit abnimmt. Eine Übereinstimmung mit der Bruchfestigkeit ist nicht gegeben, selbst wenn man folgerichtig statt der Druckfestigkeit die Spannung der ersten Rißbildung beim Druckversuch zum Vergleich heranzieht. Während im Bereich von 15 bis 30 Tagen Lagerzeit die Spannung die zur ersten Rißbildung bei der Druckbeanspruchung führt in etwa konstant ist bzw. sich nur gering erniedrigt, fällt während dieser Lagerzeit die Bruchbiegespannung mit der Zeit stark ab. Das gilt jedoch nur bei der Verwendung von ungesiebtem Magnesit. Bei der Verwendung von gesiebtem Magnesit als Ausgangsmaterial ist eine Abhängigkeit aus der Lagerzeit zwischen dem 15. und 35. Tag (Abb. 13) nicht festzustellen, ähnlich wie dies beim Druckversuch der Fall war.

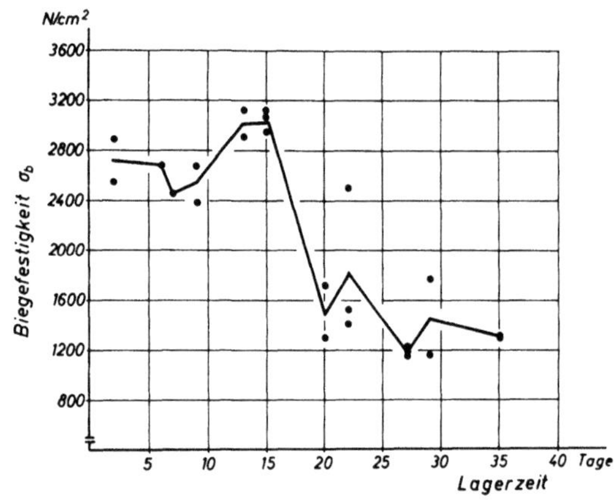

Abb. 12: Biegefestigkeit in Abhängigkeit von der Lagerzeit
Magnesit: Körnung 4900 <u>ungesiebt</u>
Mischungsverhältnis: Gewichtsanteile
Magnesit : Lauge = 1:1,1

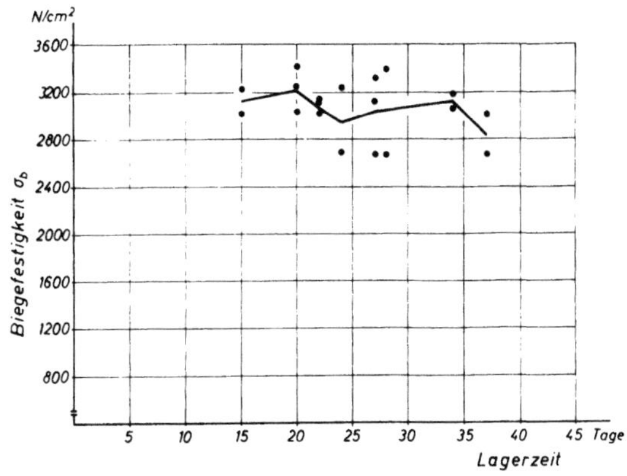

Abb. 13: Biegefestigkeit in Abhängigkeit von der Lagerzeit
Magnesit: Körnung 4900 gesiebt
Mischungsverhältnis: Gewichtsanteile
Magnesit : Lauge = 1:1,1

Damit ist hier nach 15 Tagen Abbindungszeit ein recht hoher Wert von ca. 3000 N/cm² vorhanden, der auch bis zur Lagerzeit von 35 Tagen erhalten bleibt.
Sofern man die Nachglühtemperaturbereiche berücksichtigt, ist festzustellen, daß sich bei Verwendung von bei 550 bis 1000° C geglühtem und gesiebtem Magnesit eine Abhängigkeit von der Glühtemperatur zeigt (Abb. 14) wobei das Glühen von 550 bis 600° C ein Maximum in der Biegefestigkeit ergibt. Bei höheren Temperaturen ist dann ein leichter Abfall der Biegefestigkeit mit der Glühtemperatur zu verzeichnen.

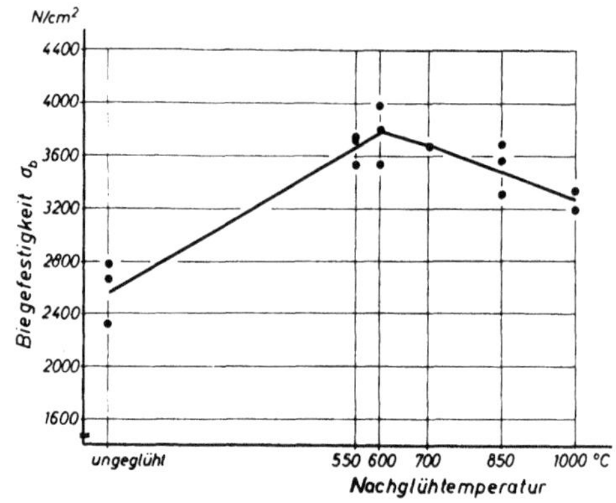

Abb. 14: Änderung der Biegefestigkeit der Bindung durch Nachglühen des Magnesits

Körnung 4900 ungesiebt, geglüht zwischen 550 und 1000° C
Mischungsverhältnis: Gewichtsanteile
Magnesit : Lauge = 1:1,1

4.5 Zusammenfassung der Ergebnisse aus den Festigkeitsuntersuchungen

Durch das Sieben des Magnesits ist bei den Prüfungen durch Druck und Biegung eine Steigerung der Festigkeit festzustellen. Bei der Prüfung auf Zugfestigkeit ließ sich eine Steigerung, bedingt durch die geringe Zahl der Prüflinge und des dabei erhaltenen größeren Streubereiches, nicht eindeutig nachweisen. Die teilweise verhältnismäßig großen Streubereiche sind einmal in der Eigenart des Magnesits zu suchen, das als Naturprodukt Ungleichmäßigkeiten aufweist; zum anderen sind sie bedingt durch die in den Proben vorhandenen Luftporen, die in ihrer Größe bis zu Stecknadelkopfgröße auftreten und die über das Gesamtvolumen der Probenkörper ungleichmäßig verteilt sind.

Durch Nachglühen des Magnesits vor dem Abbinden ergibt sich bei Glühtemperaturen von 550 bis 600° C eine Erhöhung der Biege- und Druckfestigkeit. Darüber hinaus fällt die Biegefestigkeit wieder ab, während die Druckfestigkeit weiter mit der Glühtemperatur ansteigt.

4.6. Änderung der Festigkeit durch unterschiedlichen Laugenanteil

Inwieweit die Festigkeitswerte (Druck, Zug und Biegung) durch eine Änderung des Laugenanteils beeinflußt werden, zeigen die Abbildungen 15a (naß) und 15b (trocken).

Gegenüber den sonst verwendeten Standardmischungen von 100 zu 110 Gewichtsanteilen ist hier der Magnesitanteil zu Laugenanteil mit 100 : 100 bzw. 100 : 120 und 100 : 130 verändert worden. Eine weitere Erhöhung des Laugenanteils über 130 hinaus war nicht möglich, da bei der Abbindung die Lauge dann nicht mehr vollständig aufgenommen wird. Der überschüssige Anteil der Lauge setzt sich dabei oberhalb der Proben an der Form ab. Ein deutlicher Einfluß der unterschiedlichen Zusammensetzung auf die Festigkeitseigenschaften wurde in dem hier überprüften Bereich nur bei den Werten für die Druck- und die Biegefestigkeit festgestellt. (Abb.15a, Nasslagerung). In beiden Fällen nimmt die Festigkeit mit der Steigerung des Anteils der Magnesiumchloridlauge ab. Bei den Zugversuchen liegt zwar auch eine derartige Tendenz vor, jedoch sind hier die Streuungen der Werte zu groß, um eine eindeutige Aussage machen zu können.

Ähnliches Verhalten zeigen auch die in Abb. 15b aufgeführten Werte für reine Luftlagerung.

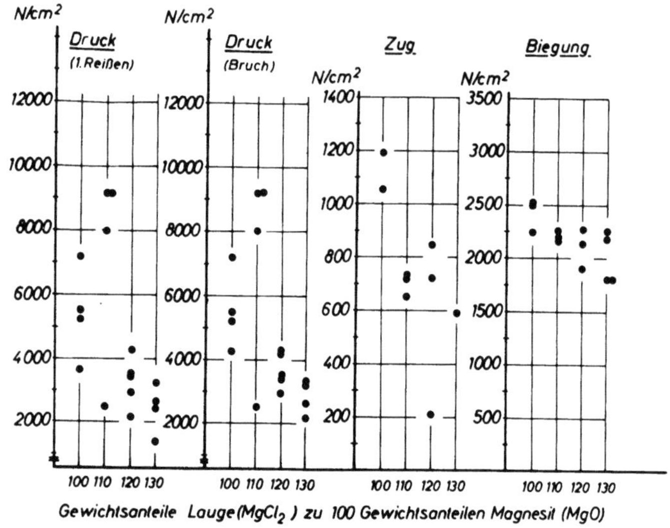

Abb. 15a: Vergleich der Festigkeiten, Druck (1. Reißen und Bruch), Zug und Biegung bei der Normalmischung 1 : 1,1 und bei geänderten Mischungsverhältnissen Magnesit: Körnung 4900 gesiebt. Lagerzeit der Proben ca. 46 Tage an Luft + 4 Tage in Schleifwasser

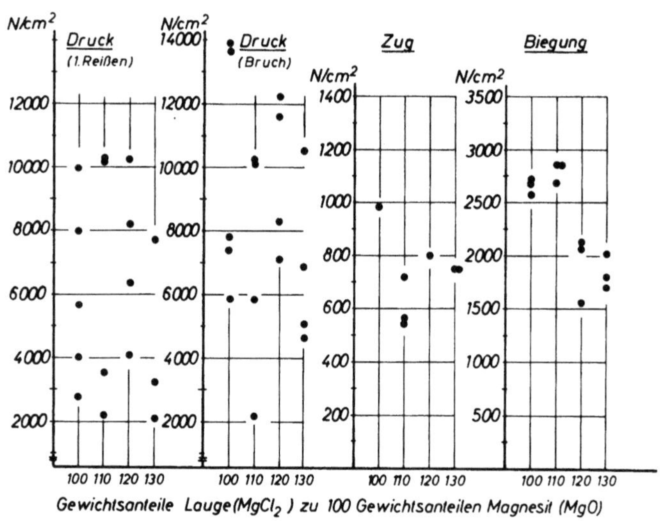

Abb. 15b: Vergleich der Festigkeiten, Druck (1. Reißen und Bruch), Zug und Biegung bei der Normalmischung 1 : 1,1, und bei geänderten Mischungsverhältnissen Magnesit: Körnung 4900 gesiebt. Lagerzeiten der Proben ca. 46 Tage an Luft.

4.7. Einfluß der Fertigungsbedingungen auf die Festigkeitseigenschaften

4.7.1 Einfluß der Feuchtigkeit bei der Lagerung auf die Festigkeitseigenschaften

Beim späteren Einsatz der Schleifsteine kommen diese mit Wasser in Berührung, wobei, wie bereits in Kapitel 2.1 erwähnt, durch die Feuchtigkeit ein teilweiser Zerfall der Bindung stattfindet, wie dies auch in Abb. 6 zu erkennen war. Um dies zu berücksichtigen wurde die Probe 4 Tage in Wasser gelagert. Die Zeit der Lagerung im Wasser von 4 Tagen ist willkürlich gewählt worden. Man muß jedoch berücksichtigen, daß die Schleifsteine oftmals über derartige Zeiten dem Wasser ausgesetzt sind. Auch bei späteren vergleichenden Festigkeitsuntersuchungen, bei denen der Einfluß der Feuchtigkeit in Betracht gezogen wird, ist daher eine Wässerung von jeweils 4 Tagen vorgesehen worden. Dabei wurde, wie auch hier, dem Wasser, in dem die Lagerung durchgeführt wurde, ein basisches Zusatzmittel zugesetzt, wie es praktisch beim Schleifen zur Vermeidung von Rostbildung durch Kühlwasser üblich ist.

Wie aus der Abb. 16 hervorgeht, kann allgemein festgestellt werden, daß bei den in Wasser gelagerten Proben die Druckfestigkeiten und Biegefestigkeiten (Abb. 17) niedriger liegen als bei Proben, die nicht der Feuchtigkeit ausgesetzt waren. Nur bei der Zugfestigkeit (Abb. 18) ist kein einwandfreier Einfluß der Lagerungsart festzustellen. Auch hier streuen die ermittelten Werte stärker.

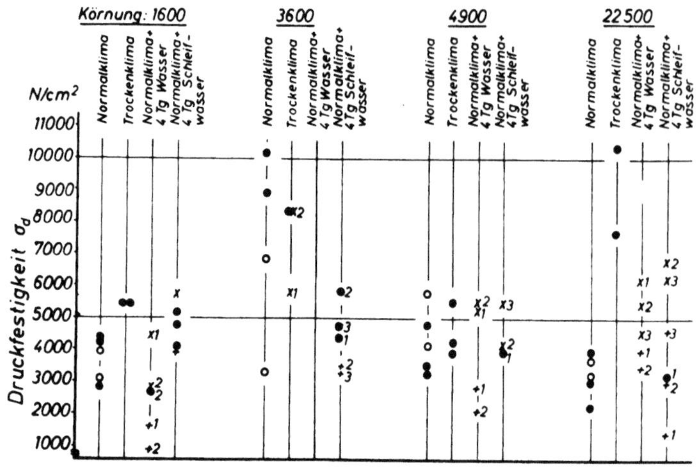

Abb. 16: Druckfestigkeit bei unterschiedlicher Korngröße des Magnesits und unterschiedlicher Lagerung während der Abbindungs- und Lagerzeit; Zahlen 1 bis 3 = Probennummer

● = Bruch

○ = Bruch bei Proben mit 3 Tagen Lagerzeit (Normalklima)

x = 1. Riß

\+ = Abplatzen der äußeren Schicht

(Klimaerläuterung in Tafel A)

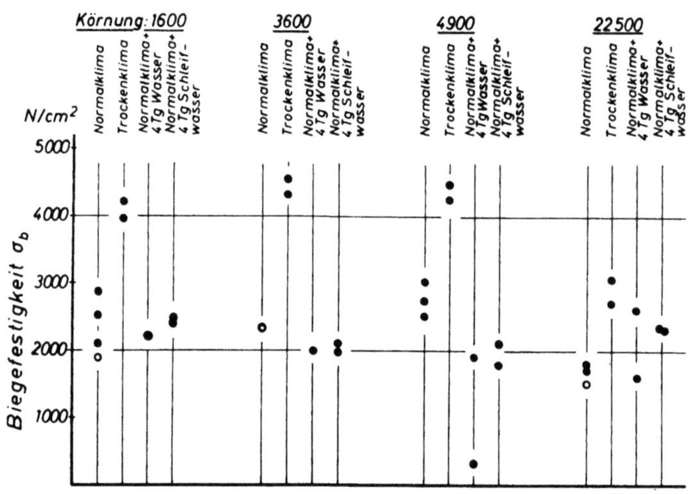

Abb. 17: Biegefestigkeit bei unterschiedlicher Korngröße des Magnesits und unterschiedlicher Lagerung während der Abbindungs- und Lagerzeit

● = Bruch

○ = Bruch bei Proben mit 3 Tagen Lagerzeit (Normalklima)

(Klimaerläuterung in Tafel A)

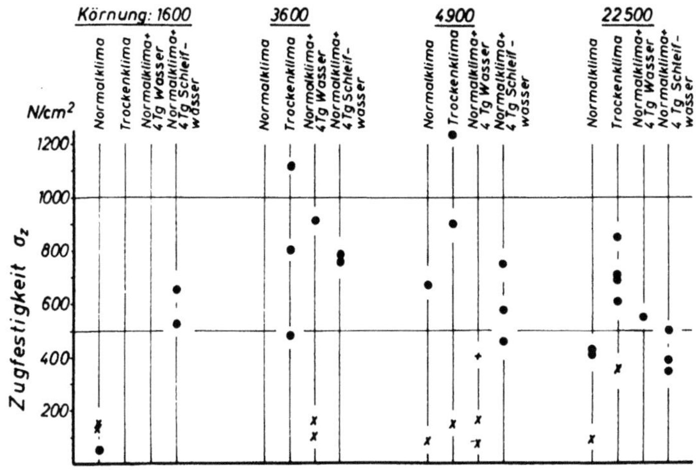

Abb. 18: Zugfestigkeit bei unterschiedlicher Korngröße des Magnesits und unterschiedlicher Lagerung während der Abbindungs- und Lagerzeit

● = Bruch im Bereich der vorgesehenen Bruchstelle

x = Bruch außerhalb der vorgesehenen Bruchstelle

\+ = aus Zugvorrichtung herausgerissen (Mindestfestigkeit in der vorgesehenen Bruchstelle)

(Klimaerläuterung in Tafel A)

Tafel A: Lagerungsbedingungen

Normalklima:	20°C, 60 bis 65% rel. Luftfeuchtigkeit Lagerzeit 35 Tage	trocken
Trocken-klima:	28 bis 30°C, 35 bis 40% rel. Luftfeuchtigkeit Lagerzeit 35 Tage	
Normalklima und Wasser:	20°C, 60 bis 65% rel. Luftfeuchtigkeit Lagerzeit 31 Tage + 4 Tage in Leitungswasser	
Normalklima und Schleif-wasser:	20°C, 60 bis 65% rel. Luftfeuchtigkeit Lagerzeit 31 Tage + 4 Tage in Schleifwasser	naß

(Schleifwasser = Leitungswasser + Zusatz gegen Rostbildung, 100 : 1)

Zu den Abbildungen 16,17 und 18
21,22 und 23
25 bis 31 jedoch mit einer Lagerzeit von ca. 1 Jahr.

4.7.2 Einfluß von Korngröße und Lagerung des Magnesits auf die Festigkeitseigenschaften

Aus dem Magnesit 4900 wurden durch Siebung folgende Körnungen ausgeschieden:

Siebgröße	Körnungsbereich
1600	100 bis 150 µm
3600	90 bis 100 µm
4900	75 bis 90 µm
22500	37 und kleiner

Die so erhaltenen Magnesite mit unterschiedlichen Körnungen wurden jeweils im Mischungsverhältnis 100 Gewichtsanteile Magnesiumoxid zu 110 Teilen Magnesiumchlorid (Lauge) zu Proben gefertigt und nach unterschiedlicher Lagerung während der Abbindungszeit auf ihr Festigkeitsverhalten hin überprüft.

Die ermittelten Druckfestigkeiten sind in Abb. 16, die Biegefestigkeiten in Abb. 17 und die Zugfestigkeiten in Abb. 18 wiedergegeben. Eine eindeutige Abhängigkeit der Festigkeitseigenschaften von den unterschiedlichen Korngrößen ist nicht zu erkennen. Auch hier ergibt sich in den einzelnen Gruppen ein verhältnismäßig großer Streubereich, und zwar sowohl bei den Werten der Zugfestigkeit als auch bei denen der Druckfestigkeit. Bei der Biegefestigkeit sind die Streubereiche geringer, aber auch hier ist ein Einfluß der Korngröße nicht festzustellen. Auffallend ist aber, daß die Proben bei der Lagerung im Trockenklima die höchsten Festigkeitswerte ergeben. Sie sind in den meisten Fällen höher als die der Proben, die im Normalklima gelagert wurden.

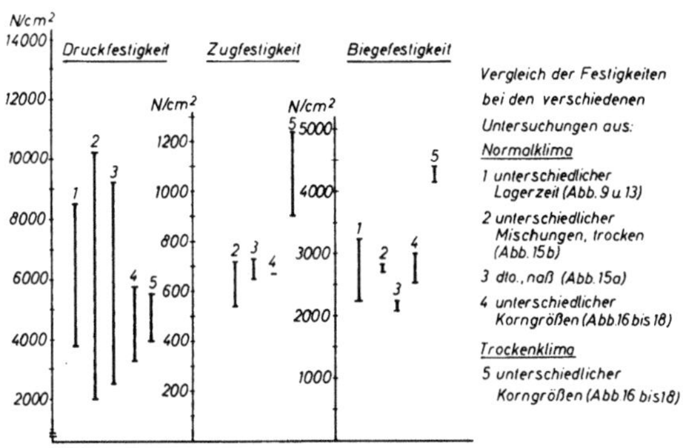

Abb. 19: Vergleich der Festigkeitswerte aus den verschiedenen aufgeführten Untersuchungen (Druck, Zug, Biegung) unter Berücksichtigung unterschiedlicher Lagerungsbedingungen und Mischungsverhältnissen
Lagerzeit 28 bis 42 Tage,
Magnesit: Körnung 4900 gesiebt.
(Klimaerläuterung in Tafel A)

In Abb. 19 sind die bei unterschiedlichen Lagerbedingungen und Mischung sich ergebenden Festigkeitsbereiche der Körnungen 4900 gesiebt, vergleichsweise aufgezeichnet. Aus der Abbildung geht deutlich hervor, daß man im Bereich der hier gewählten Korngrößen bei der Zug- und Biegebeanspruchung bei der Lagerung im Trockenklima zu bedeutend höheren Festigkeitswerten gelangt als bei der Lagerung im "Normalklima".

Die höheren Bruchfestigkeitswerte können dadurch bedingt sein, daß ein Teil des in der Mischung enthaltenen freien Wassers verdunstet und bei der verhältnismäßig geringen relativen Luftfeuchtigkeit aus der Luft kaum Feuchtigkeit von den Proben aufgenommen wird. Aus den Ergebnissen geht aber auch hervor, daß bei der üblichen Lagerung der Steine bei der relativen Luftfeuchtigkeit von 60 bis 65 % die Luftfeuchtigkeit eine Minderung der Zug- und Biegefestigkeit bedingt. Von Bedeutung erscheint auch, daß die Druckfestigkeit durch unterschiedliche Luftfeuchtigkeit bei der Lagerung weniger beeinflußt wird. Dadurch dürfte die Art der Lagerung einen besonderen Einfluß auf die Oberflächenpartien der Probe haben, da bei der Biegeprüfung aber auch bei der Zugbeanspruchung dieses von Einfluß ist. Bei dem Zugversuch ist dabei davon auszugehen, daß auch bei diesem Versuch eine gewisse Biegebeanspruchung bei den gewählten Proben nicht ganz vermieden werden konnte.

4.7.3 Festigkeitsuntersuchungen an Proben, die zusätzlich Schleifmittel enthalten

Die Änderung der Schleifsteinhärte ergibt sich bei mineralisch gebundenen Schleifsteinen vorwiegend durch die Änderung der Schleifmittelanteile. Auch Zugaben von Magnesit anderer Körnungen sowie Magnesit anderer Fundstätten werden in der Praxis zur Änderung der Härte angewandt. Bei den hier behandelten Vorversuchen, wie auch bei den Versuchen, die bei der Schleifsteinherstellung durchgeführt wurden, sind zur Erreichung der unterschiedlichen Härte nur verschiedene Schleifmittelanteile gewählt worden. Als Schleifmittel wurden Normalkorund, Regenerat und Siliciumcarbid in den Körnungen 100 und 320 - so wie sie in den später gewählten Schleifsteinen Verwendung fanden - eingesetzt. Diese Schleifmittel und Schleifkorngrößen wurden ausgewählt, da sie vielfach bei den in der Praxis verwendeten Schleifsteinen üblich sind. Sie waren auch Grundlage für im Forschungsbericht 2409 des Landes Nordrhein-Westfalen niedergelegten Schleifversuche sowie anderer Forschungsvorhaben des Instituts, deren Ergebnisse bisher nicht veröffentlicht wurden.

Durch Zugabe unterschiedlicher Schleifmittelanteile wurden die in Tafel B aufgetragenen Mischungen hergestellt. Die sich dabei ergebenden unterschiedlichen Gewichtsbestandteile sind in % angegeben.

Tafel B: Unterschiedliche Mischungsverhältnisse bei den Proben zur Festigkeitsprüfung.

Mischung	1	2	3	4	5	6	7	
Mg 0 (Magnesit)	15	20	25	30	35	40	47,6	%
Mg Cl_2 (Lauge)	16,5	22	27,5	33	38,5	44	52,4	%
Schleifmittel	68,5	58	47,5	37	26,5	16	0	%

Die Wichten von Normalkorund und Regenerat sind etwa gleich groß und betragen nach Literaturangaben ca. 4 kg/dm³. Siliciumcarbid hat dagegen nur eine Wichte von ca. 3,2 kg/dm³. Damit haben die siliciumcarbidhaltigen Proben bei gleichen Gewichtsprozenten einen größeren Volumentanteil an Schleifmitteln als die Proben mit Normalkorund oder Regenerat. Die Lager- bzw. Abbindungszeiten sind mit 30 Tagen gleich lang gewählt worden. Durch die große Anzahl der gefertigten Proben aus jeweils 7 Mischungsvariationen und 6 Schleifmittelkörnungsgruppen (Normalkorund, Regenerat und Siliciumcarbid bei Körnungen von 100 und 320), die jeweils wiederum in zwei Hälften für die Prüfung im trockenen und im nassen Zustand aufgeteilt wurden, ergaben sich für die Prüfung der Druck-, Zug- und Biegefestigkeit eine große Anzahl von Auswertungspunkten und -kurven. Abb. 20 gibt die Kurven für Normalkorund 100 im trockenen Zustand wieder. Es zeigt sich, wie auch bei den weiteren, nicht wiedergegebenen Auswertungen, hier eine in allen Fällen ähnliche Tendenz der Veränderung der Festigkeitseigenschaften durch die unterschiedlichen Schleifmittelanteile, wie sie in den Kurven der Abb. 20 zum Ausdruck kommen. Aus dieser Abbildung geht hervor, daß die mechanischen Eigenschaften wie Druckfestigkeit, Zugfestigkeit und Biegefestigkeit zunächst mit der Abnahme des Schleifmittelanteils - hier Normalkorund 100 - stark zunehmen.

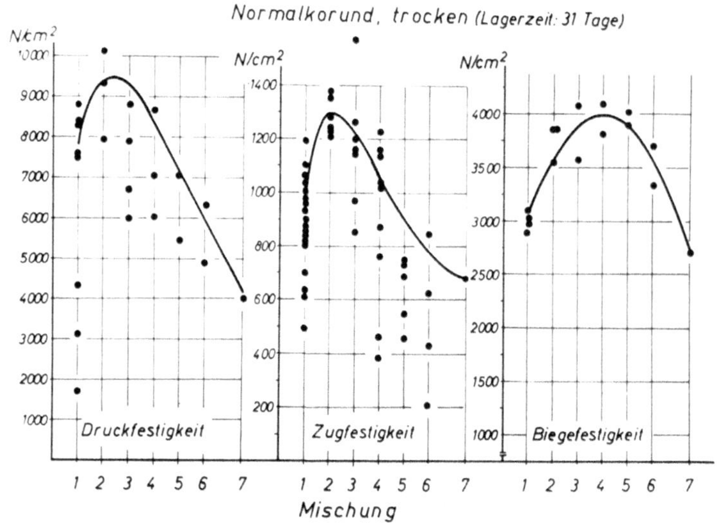

Abb. 20: Festigkeiten (Druck, Zug und Biegung) von Proben mit unterschiedlichen Schleifmittelanteilen (Normalkorund 100); Lagerzeit 31 Tage; Normalklima 20°C, 60 bis 65 % Luftfeuchtigkeit (Mischungszusammensetzung in Tafel B)

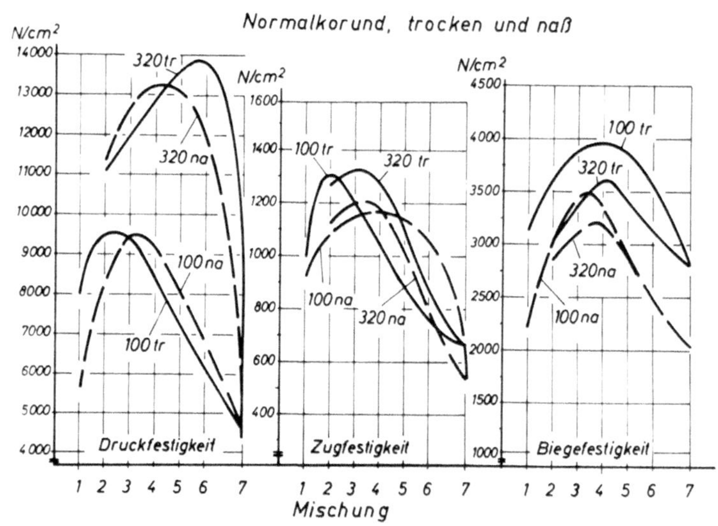

Abb. 21: Mittlere Druck-, Zug- und Biegefestigkeit von Proben mit Schleifmittel Normalkorund Körnung 100 und 320; Lagerung entsprechend Tafel A (Mischungszusammensetzung in Tafel B)

So wird beim Schleifmittelanteil von 58 Gewichtsprozent (2) eine höhere Zug-, Druck- und Biegefestigkeit erreicht, als bei einem Anteil des Schleifmittels von 68,5% (1). Das dürfte darauf zurückzuführen sein, daß bei zu hohem Anteil an Schleifmitteln die vollkommene Umhüllung des Schleifkorns durch Bindemittel nicht in dem zur Erreichung der maximalen Bruchfestigkeiten erforderlichen Maße erfolgt. Daß sich das Maximum der Festigkeit bei Biegebeanspruchung gegenüber Zug- und Druckbeanspruchung mehr zu noch geringerem Anteil an Schleifmitteln in dem Gemisch verschiebt, ca. 30 - 40%, hängt sicher damit zusammen, daß die bei der Biegebeanspruchung an der Prüfkörperoberfläche auftretenden Zugspannungsspitzen sich empfindlicher auf örtliche Schleifmittelkonzentration, die bei der Probenherstellung nicht vermieden werden konnten, reagierten. Der bei noch geringerer Schleifmittelzugabe erhebliche Bruchspannungsabfall bei allen drei Beanspruchungsarten ist auf die hier dann geringer werdende Anzahl der Schleifkörner, die bei vollständiger Umhüllung an sich die Festigkeit der abgebundenen Masse erhöhen, zurückzuführen. Bei der Verwendung von Normalkorund 320 konnte wegen der größeren Gesamtoberfläche der Schleifkörner das Mischungsverhältnis Nr. 1 nicht erstellt werden, da trotz langzeitiger Knetung der Mischung keine zur Herstellung der Proben ausreichende Bindung erreicht wurde.

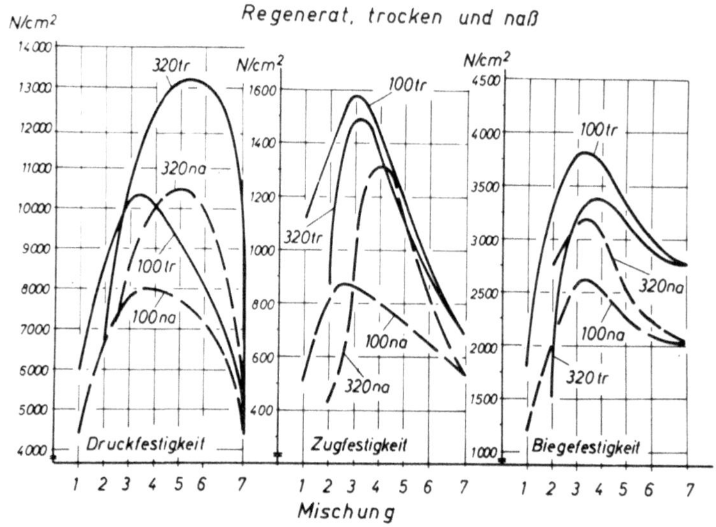

Abb. 22: Mittlere Druck-, Zug- und Biegefestigkeit von Proben mit Schleifmittel <u>Regenerat</u> Körnung 100 und 320; Lagerung entsprechend Tafel A (Mischungszusammensetzung in Tafel B)

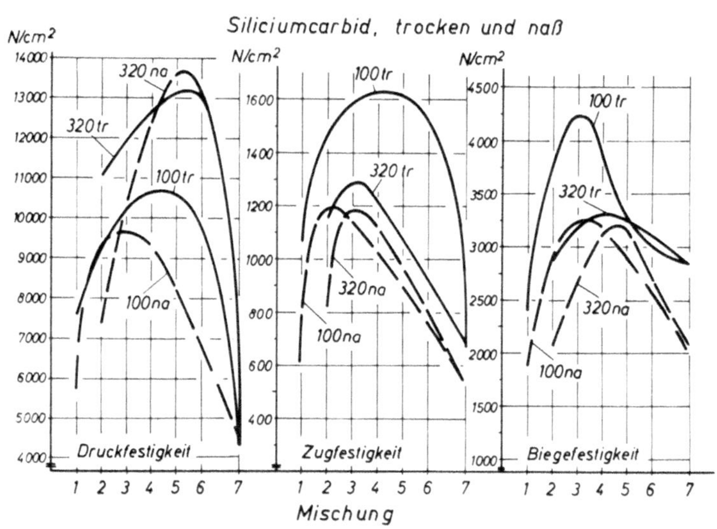

Abb. 23: Mittlere Druck-, Zug- und Biegefestigkeit von Proben mit Schleifmittel <u>Siliciumcarbid</u> Körnung 100 und 320; Lagerung entsprechend Tafel A (Mischungszusammensetzung in Tafel B)

Die Abb. 21, 22 und 23 zeigen jeweils eine Zusammenstellung der mit verschiedenen Schleifmitteln und unterschiedlichen Körnungen des Schleifmittels hergestellten Proben erreichten Druck-, Zug- und Biegefestigkeiten.
Dabei wurde als Schleifmittel Normalkorund, Regenerat und Siliciumcarbid und als Körnung jeweils 100 und 320 eingesetzt.

Bei den drei Schleifmittelarten zeigt sich entsprechend den aufgeführten Kurven, daß bei den Druckfestigkeitsprüfungen die Körnung 320 erheblich höhere Werte als die Körnung 100 aufweist. Bei der Zug- und Biegefestigkeitsbeanspruchung kehrt sich dieses Verhältnis um, so daß hier die Proben mit dem gröberen Schleifmittelkorn (100) zum großen Teil höhere Werte ergeben als solche mit kleinem Korn (320). Auch das Maximum der Festigkeitswerte innerhalb der einzelnen Kurvenzüge wird bei der Körnung 320, wie zu erwarten, bei geringerem Schleifmittelanteil erreicht, als bei der Körnung 100.

Um einen ungefähren Vergleich der Werte an den Proben mit Werten von Schleifsteinen zu erhalten, wurden noch aus verschiedenen Schleifsteinen Druck- und Biegeproben herausgearbeitet und die zu erreichenden Festigkeitseigenschaften überprüft. Dabei wurden folgende Schleifsteinarten untersucht:

Tafel C: Fabrikationsmäßig hergestellte Schleifscheiben

1.)	Keramisch gebunden,	Normalkorund,	Korn 30,	Härte G,	Gefüge 8
2.)	" " ,	" ,	" 60,	" N	
3.)	Bakelitgebunden ,	" ,	" 220,	" L	Gefüge 7
4.)	Kaltgebunden, Magnesitstein,	Normakorund,	Korn 220 - 240,	Härte VI	

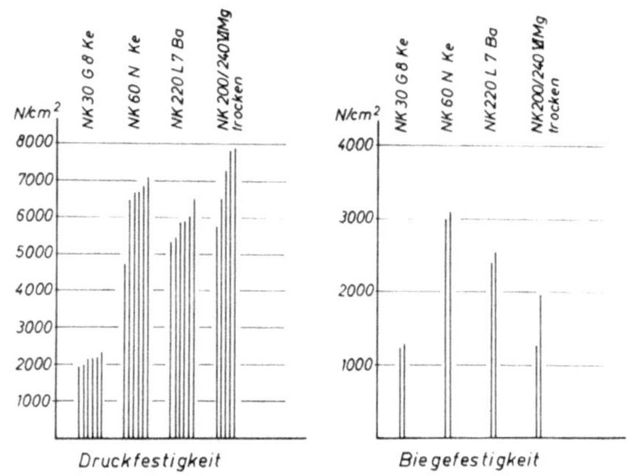

Abb. 24: Druck- und Biegefestigkeit von fabrikationsmäßig hergestellten Schleifscheiben mit keramischer, Kunststoff- (Bakelit) und mineralischer (Magnesit) Bindung.

Die an Proben aus diesen Steinen erreichten Werte sind in Abb. 24 wiedergegeben. Dabei ist zu berücksichtigen, daß die Proben für die Druckprüfung infolge der Ausarbeitung aus vorhandenen Schleifsteinen nur als Würfel und nicht als Rundproben gefertigt werden konnten. Die Proben hatten eine Kantenlänge von 24 mm; im Gegensatz zu den Versuchsproben mit Durchmesser und Höhe von jeweils 30 mm.
Auch bei den Biegeproben war nur ein Höhenmaß von 24 bis 29 mm beim Herausarbeiten aus dem Schleifstein zu erreichen. Damit ist ein unmittelbarer Vergleich mit den selbstgefertigten Proben nicht möglich.
Wie aus Abb. 24 hervorgeht, wiesen alle Steinarten, bis auf die keramisch gebundenen Qualitäten mit Normalkorund 30, in etwa gleich hohe Druckfestigkeiten auf. Die keramisch gebundenen Steine mit Normalkorund 30 lagen erheblich tiefer in der Druckfestigkeit. Aber auch die Biegefestigkeit liegt hier niedriger als bei den keramisch gebundenen Steinen mit

Normalkorund 60 und den bakelitgebundenen. Bei der geringen Anzahl der Proben - besonders für die Biegeprüfung - in Verbindung mit der Schwierigkeit des Herausarbeitens nicht beschädigter Proben, können die gefundenen Biegefestigkeiten nur Anhaltswerte darstellen. Deutlicher ist dabei allerdings das Ergebnis aus der Bestimmung der Druckfestigkeit, das wesentlich geringere Werte bei den keramisch gebundenen Scheiben mit Normalkorund 30 ergeben hat. In wie weit hier ein Abbindefehler vorlag, konnte nicht ermittelt werden, da alle untersuchten Proben jeweils aus einer Scheibe entnommen wurden.

Bei den späteren Anfertigungen von Schleifsteinen wurden Mischungsverhältnisse im Bereich der bei den Vorversuchen gefundenen Höchstwerte gewählt. Die so erhaltenen überprüften Schleifsteine ergaben, soweit die Festigkeitsuntersuchung an diesen Steinen durchgeführt wurde, teilweise die gleichen Werte wie bei den fremdgefertigten und andersartig gebundenen Schleifsteinen. Teilweise wurden jedoch auch niedrigere Werte festgestellt.

4.7.4 Festigkeitsuntersuchungen an Proben, die bei der Schleifsteinherstellung aus der gleichen Masse wie die Schleifsteine gefertigt wurden

Aufgrund der Ergebnisse aus den Vorversuchen, wie sie in den Abb. 21, 22 und 23 wiedergegeben sind, wurden für jedes Schleifmittel und für jede Schleifkorngröße für die Schleifsteinherstellung drei Mischungsverhältnisse, die die Härte der Schleifsteine unterschiedlich gestalten sollten, im Bereich der bisher sich ergebenden maximalen Festigkeitswerte hergestellt. Gefertigt wurden Steine entsprechend der Tafel D.

Die Festigkeitsprüfungen an den hier aus der gleichen Mischung mitgefertigten Proben erfolgte erst zu einer Zeit, bei der auch die Schleifsteine zum Einsatz kamen. Die Proben und die Schleifsteine unterlagen einer Lagerzeit von ca. einem Jahr. Jeder Stein wurde zur Kontrolle und Reserve in doppelter Ausfertigung hergestellt.
Die Festigkeitsuntersuchungen an den Proben erfolgten in erster Linie im nassen Zustand, d. h. die letzten vier Tage der Lagerung fanden in Schleifwasser statt. Bei der vergleichsweisen Prüfung in trockenem Zustand wurden die Proben direkt aus dem Klimaraum entnommen. Die in diesem Raum eingestellten Bedingungen waren folgende:

Raumtemperatur 20 bis 22° C,
relative Feuchtigkeit 60 bis 65 %.

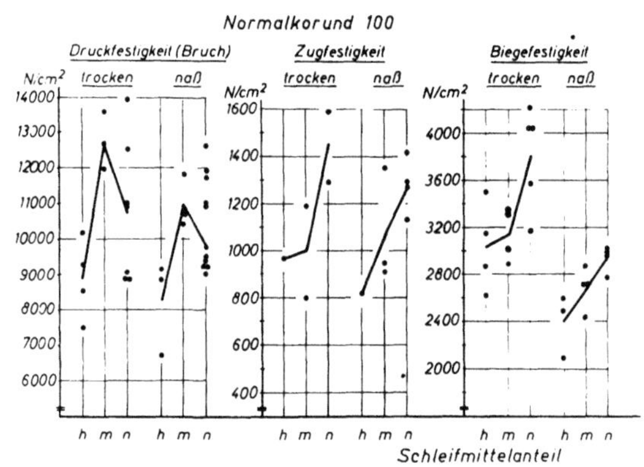

Abb. 25: Druck- (Bruch), Zug- und Biegefestigkeit der zusammen mit den Schleifsteinen gefertigten Proben,
Schleifmittel <u>Normalkorund 100</u>
Lagerungsbedingung Tafel A
h = hoher Schleifmittelanteil
m = mittlerer Schleifmittelanteil
n = niedriger Schleifmittelanteil

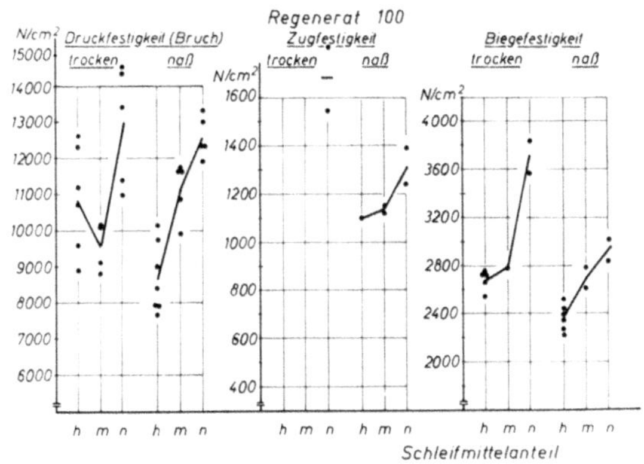

Abb. 26: Druck- (Bruch), Zug- und Biegefestigkeit der zusammen mit den Schleifsteinen gefertigten Proben. Schleifmittel Regenerat 100
Lagerungsbedingungen Tafel A

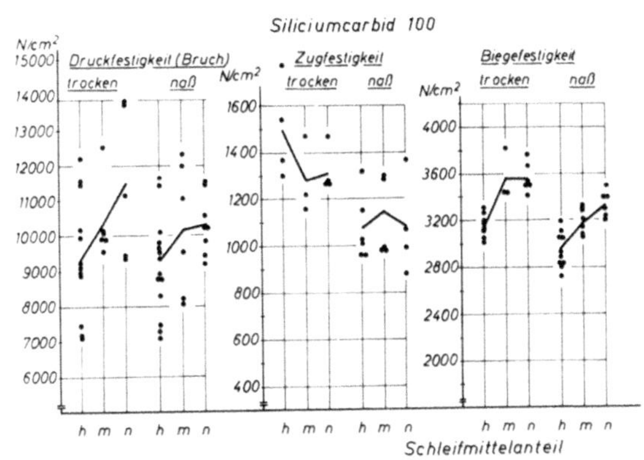

Abb. 27: Druck- (Bruch), Zug- und Biegefestigkeit der zusammen mit den Schleifsteinen gefertigten Proben. Schleifmittel Siliciumcarbid 100
Lagerungsbedingungen Tafel A

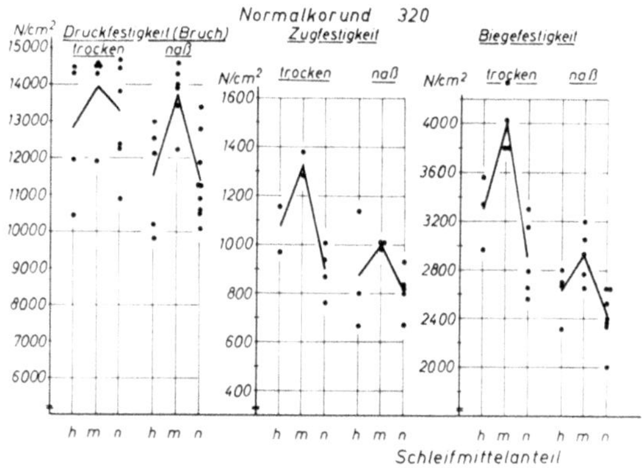

Abb. 28: Druck- (Bruch), Zug- und Biegefestigkeit der zusammen mit den Schleifsteinen gefertigten Proben. Schleifmittel <u>Normalkorund 320</u>
Lagerungsbedingungen Tafel A

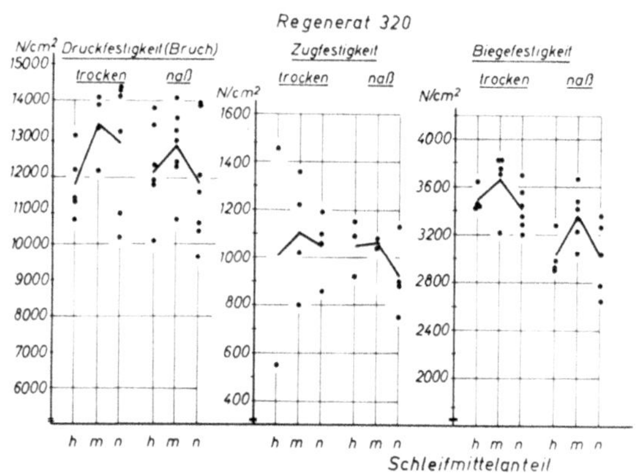

Abb. 29: Druck- (Bruch), Zug- und Biegefestigkeit der zusammen mit den Schleifsteinen gefertigten Proben. Schleifmittel <u>Regenerat 320</u>
Lagerungsbedingungen Tafel A

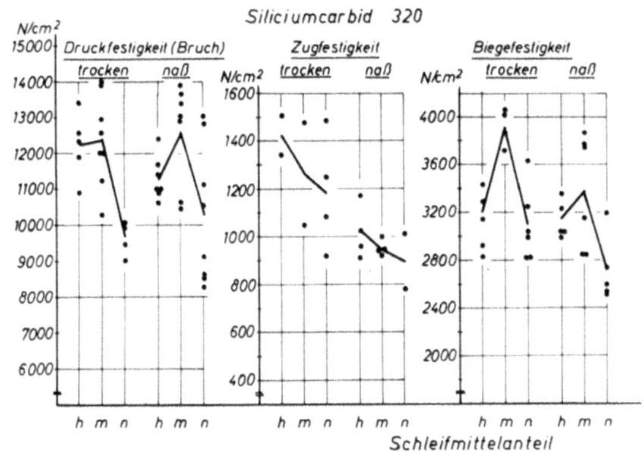

Abb. 30: Druck- (Bruch), Zug- und Biegefestigkeit der zusammen mit den Schleifsteinen gefertigten Proben. Schleifmittel Siliciumcarbid 320
Lagerungsbedingungen Tafel A

Die an den mitgeformten Vergleichsproben erreichten Festigkeitswerte für die einzelnen Schleifsteinarten, und zwar für trockene und nasse Lagerung sind in den Abb. 25 bis 30 wiedergegeben.
Eine Zusammenfassung (einschließlich der Rücksprungshärte Kap. 4.7.5) zeigt Abb. 31.

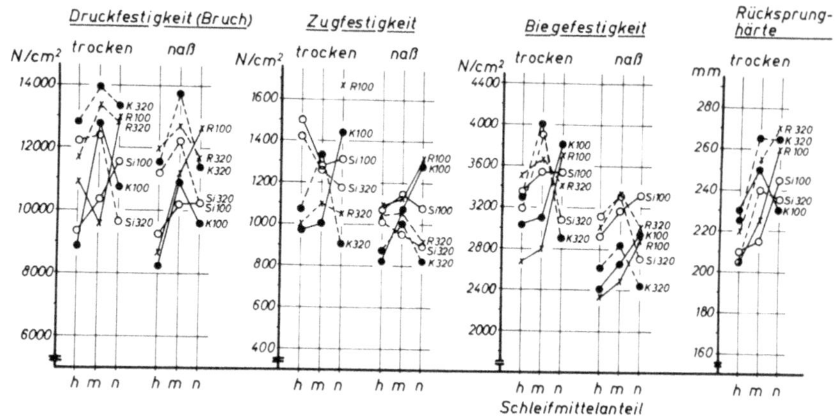

Abb. 31: Vergleich der mittleren Druck-, Zug- und Biegefestigkeit mit der Rücksprunghärte, gemessen an den bei der Schleifsteinanfertigung gleichzeitig mit gefertigten Proben für die Festigkeitsbestimmung.

K = Normalkorund	Körnung 100 und 320
R = Regenerat	Körnung 100 und 320
Si= Siliciumcarbid	Körnung 100 und 320

Lagerungsbedingungen Tafel A

Als Ergebnis der Untersuchung kann unter Berücksichtigung der Tafel D folgendes festgestellt werden:

Normalkorund Korngröße 100, Abb. 25

Zugfestigkeit und Biegefestigkeit steigen in dem gewählten Bereich mit dem Anteil an Schleifmitteln. Die Druckfestigkeit zeigt dagegen bei mittlerem Schleifmittelanteil den höchsten Wert.

Regenerat Korngröße 100, Abb. 26

Auch hier steigen Zugfestigkeit und Biegefestigkeit mit steigendem Schleifmittelanteil an. Bei der Druckfestigkeit liegt bei den naß zur Prüfung gelangenden Proben ebenfalls ein Ansteigen der Werte mit dem Schleifmittelgehalt vor. Bei den trocken gelagerten Proben ist keine eindeutige Abhängigkeit festzustellen.

Siliciumcarbid Korngröße 100, Abb. 27

Hier istkein stärkerer Einfluß des Schleifmittelanteils auf die Festigkeitseigenschaften der Mischung festzustellen. Die Streuungen sind hier bei den gefundenen Werten der Druckfestigkeit besonders groß. Nur bei den Biegefestigkeitswerten ist eine Tendenz des Anstiegs mit dem Anteil an Schleifmitteln zu erkennen.

Normalkorund Korngröße 320, Abb. 28

Bei diesen Prüfungen ist für alle drei untersuchten Festigkeitseigenschaften - Zug, Druck und Biegung - eine Tendenz dahingehend festzustellen, daß sich das Maximum der Werte bei mittleren Schleifmittelgehalten einstellt.

Regenerat Korngröße 320, Abb. 29

Beim Regenerat als Schleifmittel bildet sich auch ein, wenn auch im allgemeinen weniger ausgeprägtes Maximum bei mittleren Schleifmittelanteilen.

Siliciumcarbid Korngröße 320, Abb. 30

Auch bei der Verwendung von Siliciumcarbid 320 scheinen die Werte für die Biege- und Druckfestigkeit bei mittleren Anteilen an Schleifmitteln ein Maximum zu erreichen. Lediglich die Zugfestigkeit nimmt in stärkerem Maße mit dem Schleifmittelanteil ab.

Sofern man als Hauptkriterium für die Beurteilung eines Schleifsteins die Druck- und Biegefestigkeit zugrunde legt, dürfte im allgemeinen ein mittlerer Schleifmittelanteil am günstigsten sein. Das gilt allgemein für die Körnung 320. Beim Übergang zur Körnung 100 verschiebt sich das Maximum mehr zu niedrigen Schleifmittelanteilen. Das wurde zumindest für Siliciumcarbid und Regenerat als Schleifmittel festgestellt. Dabei kann aber aufgrund der sehr großen Streuungen eine eindeutige Lage des Maximums bei Mischungen mit Siliciumcarbid als Schleifmittel nicht festgelegt werden.

Tafel D: Aufstellung der gefertigten Steine unterschiedlicher Zusammensetzung.

Schleifsteine mit Normalkorund bzw. Regenerat Korngröße 100

h (hoher)	m (mittlerer)	n (Niedriger Anteil von Schleifmittel)		
17	20	25	%	Magnesit
18,7	22	27,5	%	Lauge
64,3	58	47,5	%	Schleifmittel

Schleifsteine mit Siliciumcarbid Korngröße 100

Aufgrund der geringeren Wichte des Siliciumcarbids gegenüber Korund wurden hier und bei Korngröße 320 um den Vergleich zu ermöglichen, gleiche Volumenanteile des Schleifmittels gewählt, d. h. folgende Gewichtsprozente:

h	m	n		
19,4	22,0	27,6	%	Magnesit
21,4	24,2	30,3	%	Lauge
59,2	53,8	42,1	%	Schleifmittel

Schleifsteine mit Normalkorund bzw.Regenerat Korngröße 320

h	m	n		
23	29	35	%	Magnesit
25,3	31,9	38,5	%	Lauge
51,7	39,1	26,5	%	Schleifmittel

Schleifsteine mit Siliciumcarbid Korngröße 320

h	m	n		
25,6	31,5	36,8	%	Magnesit
28,3	34,6	40,7	%	Lauge
46,1	33,9	22,5	%	Schleifmittel

4.7.5 Rücksprunghärte der abgebundenen Massen, gemessen an den trocken gelagerten Proben der Biegeprüfung

Die Härte wird gesteuert durch das bei der Herstellung angewandte Mischungsverhältnis. Für eine Härtebestimmung erscheint die Rücksprunghärte am geeignetsten.
Die hier aufgeführte Prüfung erfolgte als Rücksprunghärtemessung mit einer Kugel von 8 mm Durchmesser bei einer Fallhöhe von 720 mm. Die Höhe der rückspringenden Kugel ergibt ein Maß für die Härte. Die Prüfung erfolgte dabei an den beiden Bruchstücken, die bei der Biegeprüfung entstanden.

Die jeweils aus mehreren Prüfungen einer Probe enthaltenen Werte der Rücksprunghärte sind in Abb. 32 aufgezeichnet. Außerdem sind sie in der Gesamtaufstellung über die Festigkeitseigenschaften in Abb. 31 zusammen mit der Druckfestigkeit, der Zugfestigkeit und der Biegefestigkeit nochmals wiedergegeben. Aus den Werten geht hervor, daß die Härte der Prüfkörper mit dem Gehalt an Schleifmitteln bis zu mittleren Gehalten - in einzelnen Fällen auch bis zu höheren Anteilen - zunimmt (Abb. 32).

Ähnliche Verhältnisse zeigen sich in Abb. 31 beim Vergleich der aufgeführten Festigkeiten, z. B. der Druckfestigkeiten. So wurde beim Normalkorund 320 und Regenerat 320 sowie Regenerat 100 die höchste Druckfestigkeit und Härte bei hohem bis mittlerem Schleifmittelanteil erzielt. Die Proben mit Siliciumcarbid 100 wiesen bei dem hohem Schleifmittelanteil mittlere Druckfestigkeiten und Härten auf, während bei hohem Schleifmittelanteil Korund 100 und Siliciumcarbid 320 recht niedrige Werte zeigten.

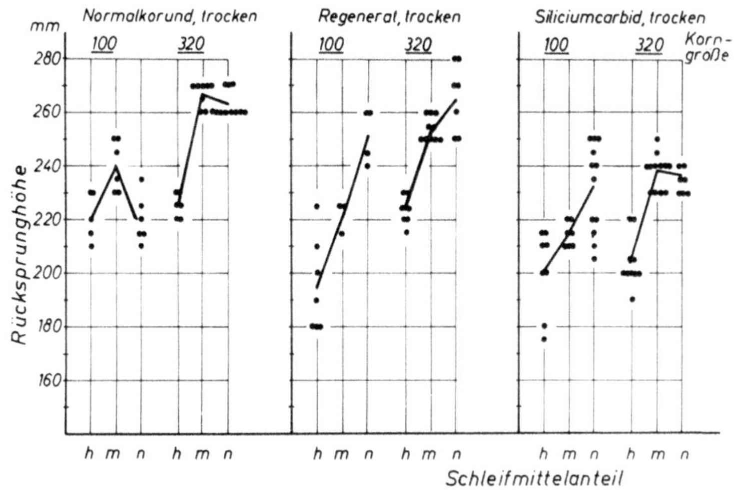

Abb. 32: Rücksprunghöhe - Rücksprunghärte - gemessen an den bei der Schleifsteinfertigung gleichzeitig mit gefertigten Proben für die Festigkeitsbestimmung. Lagerung der Proben in Normalklima 20°C, 60 bis 65 % Luftfeuchtigkeit, trocken

5. Schleifsteinherstellung

5.1. Kornverteilung der Schleifmittel

Für die durchzuführenden Untersuchungen wurden Schleifsteine hergestellt, bei denen sowohl der Magnesit wie auch die Schleifmittel sorgfältig vorher gesiebt wurden. Wie schon die Abb. 1 zeigte, schwankt die Korngröße des Magnesits innerhalb der Körnungsangabe des Herstellers sehr stark. Das gilt auch bei den Schleifmitteln, deren Korngrößen nach FEPA festgelegt sind.

Für die Bestimmung der Schleifkorngrößen 8 bis 220 ist eine Siebung und für die Schleifkorngrößen 230 bis 1200 eine Messung mit dem Fotosentimentometer bzw. US- Sentimentometer vorgesehen. Für die hier ausgesuchten Schleifkorngrößen 100 und 120 ergibt sich nach FEPA innerhalb dieser Gruppen folgende Kornverteilung:

Tafel E: Korngrößenverteilung nach FEPA bei Korn 100 und 120

Schleifkorn 100 (125 bis 149 µm)

Korn	70	(210 bis 250 µm)	o %
"	80 + 90	(149 bis 210 µm)	0 bis 20 %
"	100	(125 bis 149 µm)	mind. 40 %
"	100 + 120	(105 bis 149 µm)	mind. 65 %
"	100 + 180 + 200	(74 bis 105 µm)	Rest
"	220 u. kleiner	(bis 74 µm)	max. 3 %

Schleifkorn 120 (105 bis 125 µm)

Korn	80	(177 bis 210 µm)	0 %
"	90 + 100	(125 bis 177 µm)	0 bis 20 %
"	120	(105 bis 125 µm)	mind. 40 %
"	120 + 150	(74 bis 125 µm)	mind. 65 %
"	180 + 200 + 220	(53 bis 88 µm)	Rest
"	240 u. kleiner	(bis 53 µm)	max. 3 %

Für das Schleifkorn 320, alte DIN-Größe 31 bis 37 µm, unterteilt sich nach FEPA die Spezifikation einmal nach der internationalen Reihe (Standard-Reihe) und zum anderen nach der deutschen D-Reihe. Innerhalb dieser Reihen wird wiederum nach der Art der Ausmessung unterschieden und zwar ob mit Fotosedimentometer oder mit US-Sedimentometer geprüft wird.

Hierdurch sind erhebliche Unterschiede gegeben.

Tafel F: Korngrößenverteilung bei Korn 320 nach FEPA

Korngrößenanteil in %		Internationale FEPA-Reihe		Deutsche FEPA-Reihe	
		nach Foto-Sedimentometer	nach US-Sedimentometer	nach Foto-Sedimentometer	nach US-Sedimentometer
95	gröber als	16,5	21	28	34,2 µm
50	mittlere Korngröße	29,2±1,5	34,4±1,5	41,6±2,0	46,2±1,5 µm
3	gröber als	49	56,5	66	66,8 µm
Grenzwerte, die aber nicht vorhanden sein sollen		14 u. 52	18 u. 61	26 u. 69	33 u. 68µm

Aus den angegebenen Werten geht hervor, daß nach den einzelnen Korngrößenbestimmungsverfahren besonders bei der Körnung 320 recht unterschiedliche Maßstäbe angesetzt werden. Um eine Einheitlichkeit zu haben, wurde daher auch bei der Korngröße 320 die Siebung mit entsprechend feineren Sieben vorgenommen.

Da bei Normalkorund und Regenerat nur die Körnung 120 zu erhalten war, erfolgte die Steinherstellung hier aus dem Anteil am Korn 100 (größter prozentualer Anteil).

Die bei der Siebung erreichte Verteilung der Korngrößen geht aus der nachstehenden Tafel G hervor:

Tafel G: Korngrößenverteilung der Schleifmittel nach der Siebung

Maschengröße µm	177-210	149-177	125-149	105-125	88-105	74-88	74u. kl.
Kornbezeichn.	80	90	100	120	150	180	200
NK 120	-	16,1	70,5	10,7	1,6	0,8	0,3 %
Reg. 120	-	13,8	42,9	36,4	2,6	3,9	0,4 %
Si 100	0,3	11,7	62,6	24,7	0,3	0,1	0,3 %

Maschengröße µm	74-88	62-74	45-62	37-45	31-37	27-31	27u. kl.
Kornbezeichn.	180	200	220/250	280	320	400	500
NK 320	-	68	2,3	26,2	2,9	0,5	0,1 %
Reg. 320	31,6	20,6	17,6	9,0	14,8	4,4	2,0 %
Si 320	-	-	56	36,4	1,2	4,9	1,5 %

Im Vergleich zu den von der FEPA gestellten Anforderungen über die Verteilung der Mischungsverhältnisse liegt bei den untersuchten Schleifkornarten der Hauptanteil des Normalkorunds 120 und des Regenerats 120 bei größeren Kornabmessungen (100), bei Siliciumcarbid 100 liegt dagegen der Hauptanteil bei der vorgeschriebenen Korngröße. Bei den feineren Schleifmittelkörnungen Normalkorund und Regenerat 320 ist ebenfalls das größere Korn mit zu starkem Anteil vertreten.

Beim Siliciumcarbid entspricht die Körnung dagegen mehr den FEPA-Richtlinien. Für die Schleifsteinanfertigung wurde bei den groben Körnungen entsprechend des größeren Anteils der Aussiebung Korngröße 125 bis 149 µm verwendet. Bei den feineren Körnungen 320 kamen Schleifkörner entsprechend dem hier größeren Anteil bei Normalkorund von 45 bis 74 µm (70 %) bei Regenerat von 62 bis 88 µm (52%) und bei Siliciumcarbid von 45 bis 62 µm (56 %) zum Einsatz.

5.2. Anfertigung der Schleifsteine und Vergleichsproben

Für die Anfertigung der Schleifsteine und der gleichzeitig hergestellten Vergleichsproben wurde Magnesit gesiebt und die Körnung 4900 zur Fertigung ausgewählt. Während der nach der Fertigung erfolgenden langen Lagerzeit von ca. einem Jahr bei konstanten Klimaverhältnissen muß mit einer gewissen Gleichmäßigkeit im Abbindungsverlauf gerechnet werden. Diese Schleifsteine wurden auf ihre Festigkeit durch Probelauf bei doppelter Betriebsdrehzahl gemäß den Sicherheitsbestimmungen überprüft. Ein Ausfall erfolgte nicht. Die gefertigten Schleifsteinringe hatten die Abmessung 250 mm Aussendurchmesser und 196 mm Innendurchmesser bei einer Höhe von 120 mm.

6. Schleifversuche

6.1. Werkstoff und Vormaterial der Stahlproben

Die in dem vorliegenden Forschungsvorhaben verwendeten Schleifproben für die Messung der beim Schleifen auftretenden Erwärmung, der Oberflächenrauhigkeit, der Zerspannungsmenge und des Schleifsteinverschleisses wurden aus dem Werkstoff X 45 CrMoV 15 (Werkstoff-Nr. 1.4116) aus Stangenmaterial in der Abmessung 65 X 6,5 mm hergestellt. Die Stahlproben wurden vor den Schleifversuchen durch Erwärmung auf 1050° C (Erwärmungs- und Haltezeit 18 Minuten) und nachfolgendem Abschrecken in Öl gehärtet. Nach einem Entspannen über eine Stunde bei 100° C wurde an den Stahlproben eine Härte von 59 bis 60 HRC gemessen. Die Probenabmessungen sind mit 6 X 7 X 65 mm die gleichen wie die bei den Schleifversuchen des früheren Forschungsvorhabens (Forschungsbericht 2409)

6.2 Stahlproben für die Messung der Schleiftemperaturen

Für die Temperaturmessung wurden jeweils zwei Stahlproben verwendet. Zwischen die Proben wurden an vier Stellen Thermodrähte eingespannt. Dabei wurden in einer dieser Stahlproben zur Aufnahme der Thermodrähte vier Halbbohrungen angebracht, die so bemessen waren, daß beim Einlegen die Thermodrähte bei den aufeinandergepreßten Proben zwar fest eingespannt waren, aber die Isolierung noch nicht zerstört wurde. Aus den beiden zusammengepreßten Proben ergab sich eine Schleiffläche von insgesamt 12 X 65 mm, in deren Mittelebene dann die Temperaturmeßstellen lagen (Abb. 33).

6.3 Stahlproben zur Messung der Härte und der Oberflächenrauhigkeit sowie zur Bestimmung der Zerspannungsmenge und des Leistungsbedarfs

Um die sich beim Schleifen ergebenden Härteveränderungen, Oberflächenrauhigkeiten, Zerspannungsmengen und den Leistungsbedarf zu ermitteln, konnte jeweils nur eine Probe für eine Schleifoperation verwendet werden. Dabei wurden beim Schleifen unterschiedliche Zustellungen angewandt, um den Einfluß der Zustellung auf das Schleifergebnis festzustellen. Die für diese Versuche verwendeten Proben wurden aus dem gleichen Material, das auch für die Thermomessung zur Verwendung kam, jedoch in den Abmessungen 6 X 9,5 X 65 mm, gefertigt. Sie wurden unter gleichen Bedingungen wärmebehandelt wie die Thermoproben. Die abweichende Form der Probe wurde hier gewählt, um in Annäherung gleiche Schleifflächen wie bei der Temperaturmessung zu erhalten.

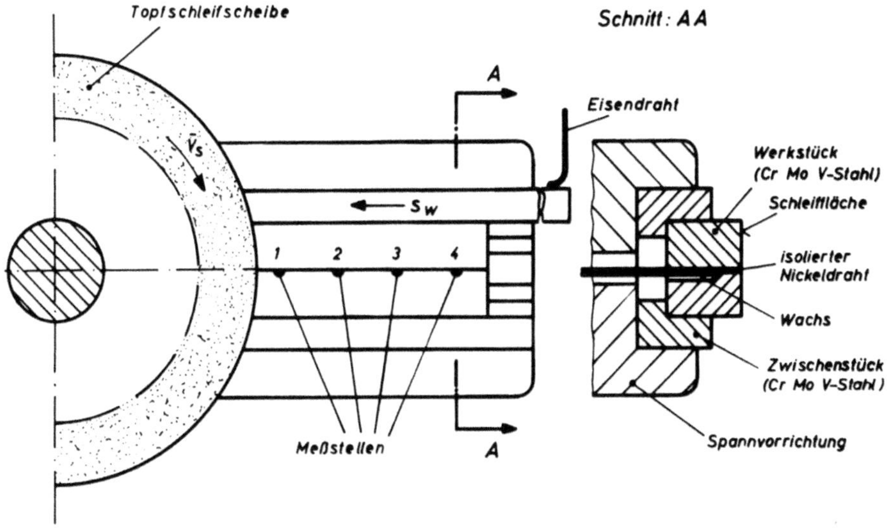

Abb. 33: Schematische Darstellung der Meßanordnung für die Temperaturmessung in der Schleifflächenebene
$\bar{V}_s$ = Mittlere Schleifgeschwindigkeit
s_w = Werkstückgeschwindigkeit (Vorschubgeschwindigkeit)

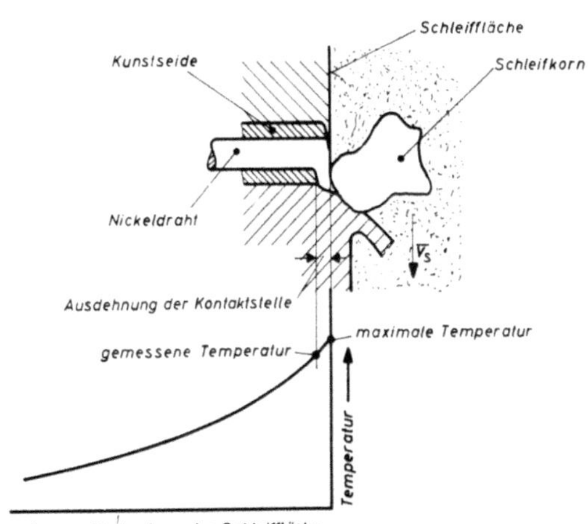

Abb. 34: Schematische Darstellung einer Meßstelle für die Temperaturmessung in der Schleifflächenebene
$\bar{V}_s$ = Schleifgeschwindigkeit

7. Anordnung der Schleif- und Versuchseinrichtungen

7.1 Schleifmaschine

Die verwendete Schleifmaschine war eine sehr starr gebaute Papiermesserschleifmaschine,deren maximale Leistungsabgabe erhöht und deren Vorschubbewegung und Kühlung so umgebaut wurden, daß ein gleichmäßiger Vorschub gewährleistet und eine intensive Kühlung ermöglicht wurde. Das Kühlwasser läuft dabei in einem Umlaufsystem. Dem Kühlwasser wurde zum Schutz gegen Rostbildung an Maschine, Proben und Meßgeräten eine Rostschutzemulsion im Verhältnis 1 : 100 beigegeben. Durch eine genügend groß gehaltene Wassermenge wird ein Absetzen der im Schleifwasser mitgeführten Fremdbestandteile (Schleifsteinabschliff und Späne) ermöglicht.

Schleifmaschinendaten :

Leistung des Schleifmotors N = 4,4 kW
Max. Leerlauf-Umdrehungszahl des Motors= 2940/min.
Leerlauf-Umdrehungszahl des Schleifsteines= 1625/min.
Leistungaufnahme des Schleifmotors im Leerlauf ohne Wasserkühlung = 650 bis 750 W

Leistungsaufnahme des Schleifmotors im Leerlauf mit Wasserkühlung = 750 bis 800 W

(Die Werte schwanken je nach verwendetem Schleifstein etwas).

Die Vorschubbewegung des Werkstücks war mit 1 m/min konstant.

Kühlwassermenge = 25 l/min
Kühlwasserumlaufsmenge ca. 500 l
Kühlwasserdüsenaustritts-Öffnung = 0,9 cm²
Kühlwasseraustrittsgeschwindigkeit ca. 4,5 m/s

7.2. Beim Schleifprozeß angewandte Meßeinrichtungen

7.2.1 Schleiftemperaturmessung

Die durch Abtragung von Stahlpartikelchen und durch Reibung zwischen Schleifstein und den zu schleifenden Proben örtlich entstehenden hohen Temeperaturen, die von sehr kurzer Zeitdauer sind, wurden durch Thermoelemente mit möglichst kleiner Masse gemessen. Es wurde hier dasselbe Temperaturmeßverfahren angewandt wie schon im Forschungsbericht 2409 näher erläutert. Die benutzten Thermo-Nickel-Drähte haben einen Durchmesser von nur 0,1 mm und sind mit Kunstseide isoliert. Sie werden zwischen den schleifenden Stahlproben mittels eines Schraubstocks eingespannt (Abb. 34). Das für das Thermoelementenpaar notwendige zweite Element bildete die Stahlprobe selbst.
Bei jedem Überschleifen der Fläche im Bereich des Thermodrahtes wird zwischen dem Thermodraht und rostbeständigem Stahl ein Kontakt erzeugt und in der Folge durch das einzelne Schleifkorn immer wieder neu hergestellt.

Da die sehr kurzzeitig auftretenden Thermospannungen nur von einem nahezu trägheitslos arbeitenden Meßgerät angezeigt werden können, wurde zur Messung der Spannungsspitzen ein Lichtstrahloszillograph eingesetzt, der die Messung von vier Stellen ermöglichte. Abb. 35 gibt die Anbringung der Nickelthermodrähte in einer Stahlprobe wieder.

Abb. 36 zeigt die Temperaturverläufe der mit dem Oszillographen erfolgten Aufzeichnungen. Hierbei sind die Meßstellen 1, 2 und 3 nach Erreichen ihrer Höchstwerte abgeschaltet und nur die Meßstelle 4 zeigt noch den Temperaturverlauf in der Oberfläche beim Abkühlen der Stahlprobe nach dem letzten Eingriff von Schleifkörpern.

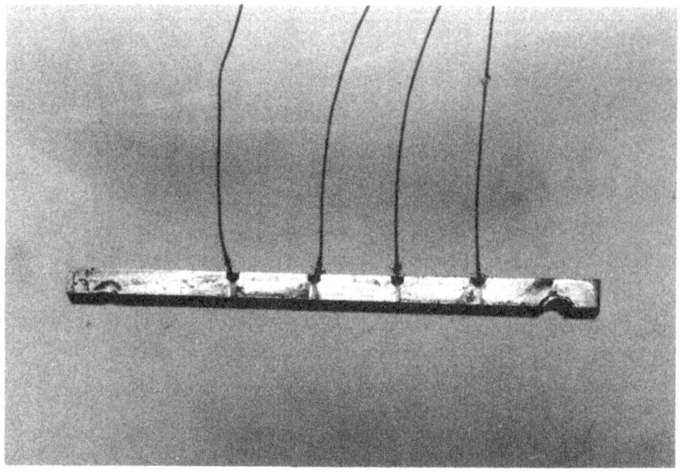

Abb. 35: Schleifprobe mit 4 Meßstellen nach der Temperaturmessung und nach Entfernung der beim Schleifen oberhalb der Meßstelle angebrachten Gegenprobe.

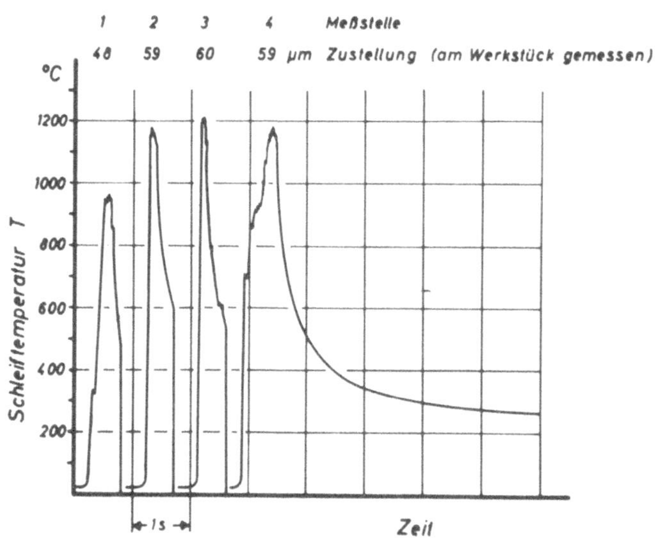

Abb. 36: Während eines Schleifganges an der Schleiffläche gemessene Temperatur in Abhängigkeit von der Zeit bei einer keramisch gebundenen Siliciumcarbid-Topf-Schleifscheibe

7.2.2 Schleifleistungsmessung

Die vom Schleifmotor aufgenommene Leistung wurde elektrisch gemessen. Es wurden jeweils die bei den unterschiedlichen Schleifscheiben erforderliche Leerlaufleistung und die bei dem Schleifvorgang vom Schleifmotor maximal aufgenommene Leistung ermittelt. Die Differenz dieser beiden Leistungswerte ergab in etwa die für den einzelnen Schleifvorgang effektive Schleifleistung. Der mit unterschiedlicher Leistung sich ändernde Wirkungsgrad des Motors wurde bei der Leistungsmessung nicht berücksichtigt. Bei der Auswertung ist dieser unterschiedliche Wirkungsgrad jedoch mit einbezogen worden. Die einzusetzenden Werte wurden dabei aus den Leistungstabellen bzw. -kurven für Elektromotoren entnommen.

7.2.3 Drehzahlmessung

Da die Schleifleistungen u.a. auch von der Schleifgeschwindigkeit und damit von der Umdrehungszahl der Schleifsteinspindel abhängig sind, wurde die Leerlaufdrehzahl und die Drehzahländerung während des Schleifprozesses mittels eines Lichtblitzstroboskops festgestellt.

7.2.4 Messung des Steinverschleißes und der Zerspannungsmenge

Die Messung der Zustellungen, des Schleifsteinverschleißes und der Verringerung der Probendicke wurde auf 0,01 mm genau durchgeführt. Die Messung der Dickenabnahme der Proben erfolgte dabei im Bereich der vier Stellen, an denen auch die Thermodrähte angebracht waren. Die Verschleißmessung an den Schleifsteinen wurde an drei Stellen über der Schleifsteinbreite von 27 mm vorgenommen, und zwar am äußeren, mittleren und inneren Durchmesser. Sie erfolgte bei jedem Stein immer an der gleichen Schleifsteinstelle. Dabei war die Veränderung des Profils an der Schleiffläche der Schleifsteine, bedingt durch die unterschiedlichen Zustellungen, nicht gleichmäßig. Die Art des Verschleißes ist in der Prinzipskizze nach Abb. 37 wiedergegeben, und

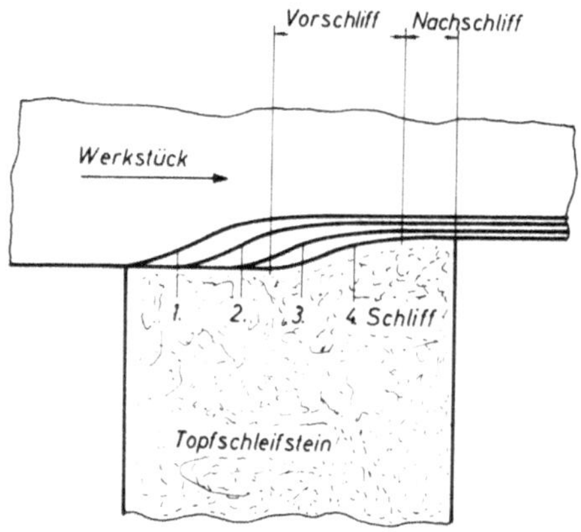

Abb. 37: Schematische Darstellung des Schleifsteinverschleißes und der Profiländerung der Schleiffläche der Topfschleifscheibe bei mehreren aufeinander folgenden Schleifvorgängen bei gleicher Schleifscheiben- und Werkstückstellung

zwar ist die Formänderung bei gleichen Schleifsteinen und gleicher Zustellung schematisch dargestellt. Durch die jeweils veränderte Zustellung traten abweichende Profiländerungen auf.

7.3 Auswertung der Schleifversuche

7.3.1 Rauhigkeit der geschliffenen Flächen

Die sich durch das Schleifen ergebende Rauhigkeit der Oberfläche ist im wesentlichen mit ein Maß für die durch den später folgenden Poliervorgang erreichbare Poliergüte. Dabei zeigt die Rauhtiefe R_t die Höhen-Tiefen-Differenz innerhalb des Meßweges an, während der arithmetische Mittenrauhwert R_a den mittleren Rauhigkeitswert im Bereich der Meßstrecke angibt.
Bei letzterem werden damit einzelne tiefe Riefen nicht besonders angezeigt. Aus dem Traganteil t_p, der in vier Ebenen, und zwar bei 20, 40, 60 und 80 % des eingestellten Tiefenmeßbereiches gemessen wird, ergibt sich der in den einzelnen Ebenen vorhandene Anteil an tragendem Material. Aus diesem Wert kann in den einzelnen gewählten Tiefen in etwa auf die Anzahl der Riefen geschlossen werden.
Bei der vorliegenden Schleifart, dem Stirnschliff, ist die Rauhigkeit weitgehend abhängig von der Vorschubgeschwindigkeit des Werkstückes (Abb. 38). Diese wurde daher bei der Untersuchung mit 1 m/min konstant gehalten.

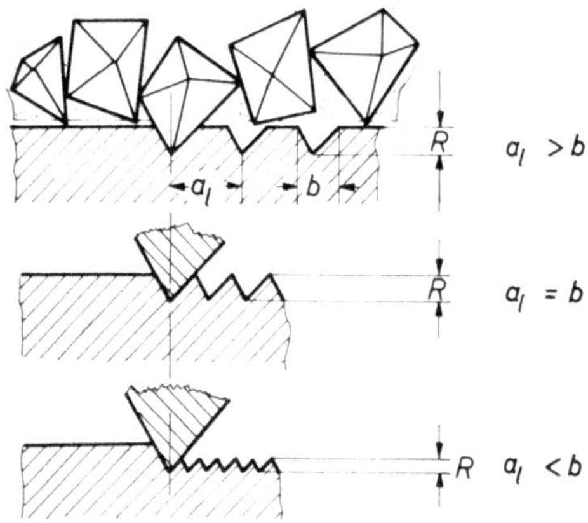

Abb. 38: Schematische Darstellung der Beeinflußung der Oberflächenrauhigkeit "R" beim Stirnschliff durch unterschiedliche Werkstückvorschubgeschwindigkeit bei konstanter Schleifsteinspindelumdrehungszahl

R	=	Rauhtiefe
a_1	=	Abstand der Schleifriefen nach einer Schleifsteinspindelumdrehung
b	=	Schleifriefenbreite

7.3.2 Korrosionsbeständigkeit des geschliffenen Stahles in Abhängigkeit von der Art des Schleifvorganges

Durch die beim Schleifen auftretende Wärme erfolgt in der Schleiffläche und den ihr nahegelegenen Schichten eine Temperatursteigerung, die einen Einfuß auf das Gefüge des Stahles haben kann. Die Temperatur kann dabei in den äußeren Schichten so hoch werden, daß die Umwandlungstemperatur überschritten wird und ein Wiederaufhärtungsprozess bei den hochchromhaltigen rostbeständigen Messerstählen eintreten kann (Wasserabkühlung!). Die Art der Gefügeausbildung an der Oberfläche ist aber nun mit maßgebend für die Korrosionsbeständigkeit des Stahles. Da für den Ablauf der Umwandlungsvorgänge sowohl beim Anlassen wie beim Härten neben einer entsprechenden Temperatur auch eine gewisse Haltezeit auf Temperatur erforderlich ist, entsprechend die bei den sehr kurzen Erwärmungszeiten beim Schleifen in den Schleifflächen erzeugte Härten und auch Korrosionsbeständigkeiten meist nicht den Werten, wie sie beim normalen Härten bzw. Anlassen erzielt werden.

Die Prüfung der Korrosionsbeständigkeit erfolgte nach einem im Forschungsinstitut für Schneidwaren und Bestecke entwickelten Potentialdiffernzmeßverfahren, das eine zahlenmäßige Bewertung in einem Kurzzeitverfahren zuläßt. Bei diesem Verfahren werden die zu untersuchenden Stahlproben mit einer Vergleichselektrode zusammen in einen Elektrolyten getaucht. Die sich dann bei praktisch stromloser Messung einstellende Potentialdifferenz ergibt ein Maß für die Passivierungsfähigkeit des Stahles. Bei dem Potentialdifferenzmeßverfahren besteht der Elektrolyt aus einem Gemisch von destilliertem Wasser, Salzsäure und Salpetersäure. Die Salpetersäure begünstigt dabei die Passivierung der Stahloberfläche, während die Chlorionen der Salzsäure bei nicht genügender Passivierung zu einem örtlichen Angriff führen. Die Höhe des auftretenden maximalen Ruhepotentials und die Abhängigkeit der Einstellung dieses Wertes von der Eintauchzeit gibt eine ausreichende Aussage über die zu erwartende Korrosionsbeständigkeit des rostbeständigen Messerstahles. Dabei hat sich gezeigt, daß zurErreichung einer eindeutigen Anzeige im Kurzzeitverfahren eine Prüfdauer von 60 Minuten erforderlich ist.

7.3.3 Messung der Härte der oberflächennahen Schichten

Die Ermittlung der Härte der oberflächennahen Schichten erfolgte mittels Kleinlast- bzw. Mikro-Härtemeßverfahrens nach Vickers. Dabei ist aufgrund der durch Schleifen gegebenen Rauhigkeit die Kraftaufbringung senkrecht zur Schleifoberfläche nicht möglich. Ein auswertbares Ergebnis würde sich hier erst bei Anwendung größerer Eindrücke ergeben, die dann aber in Schichten anderer Härten hineinreichen und damit nicht die richtige Härte des obersten Schleifflächenbereichs anzeigen würden. Die Härtemessung, d. h. die Bestimmung der Härte in den unterschiedlichen Schichten unterhalb der geschliffenen Oberfläche des Werkstückes konnte daher nur in Querschliffen erfolgen. Bei der Härtemessung mußte darauf geachtet werden, daß nur eine geringe Belastung anzuwenden ist, damit bei möglichst kleinen Eindruckdiagonalen auch Messungen nahe der Oberfläche vorgenommen werden können.

8. Durchführung der Schleifversuche und Meßergebnisse

Im Rahmen der Schleifversuche sind unterschiedliche Schleifmittel - Normalkorund, Regenerat und Siliciumcarbid - und unterschiedliche Schleifmittelanteile sowie zwei verschiedene Korngrößen der Schleifmittel angewandt worden.

Die Untersuchungen erfolgten an zwei Gruppen von Chromstahlproben (a und b).

a) Doppelproben
Die Versuche an diesen Proben (6 X 7 X 65 mm) dienten in erster Linie der Bestimmung der Schleiftemperatur.

b) Einzelproben
Die an diesen Proben (6 X 9,5 X 65 mm) durchgeführten Versuche wurden zur Bestimmung der Härte, des Korrosionsverhaltens und der Oberflächenrauhigkeit durchgeführt.

Da für beide Probenarten gleiche Schleifbedingungen vorlagen, sind die bei der Probengruppe a ermittelten Schleiftemperaturen auch auf die Probengruppe b zu übertragen.

Leistung und Drehzahlmessung wurden an beiden Schleifprobengruppen durchgeführt. Geschliffen wurde mit verschiedenen Zustellungen zur Erzielung der Spanungsdicken 0,1; 0,5 und 1 mm. Das Schleifen erfolgte sowohl ohne wie mit Wasserkühlung.

Die hier verwendeten Schleifsteine magnesitischer Bindung sind Schleifsteine, die sich während des Schleifens von selbst wieder anschärfen, d. h. daß die einzelnen Schleifkörner schon nach einer geringen Abstumpfung aus der Bindung herausgerissen werden, und damit laufend frische, gut schneidende Schleifkörner im Eingriff sind. Aus diesem Grund wurden die verwendeten Schleifsteine zwar vor ihrem Einsetzen für die Schleifuntersuchung abgerichtet, aber während der Schleifuntersuchung selbst erfolgte zwischendurch kein Abrichten mehr. Das entspricht auch der Handhabung in der Praxis.

8.1 Leistungsbedarf beim Schleifen

In Abb. 39 sind die Zerspanungsleistungen d. h. die für das Schleifen aufgebrachten Leistungen bei den gewählten drei Spanungsdicken, gegenübergestellt. Es zeigt sich allgemein, daß mit geringer werdenden Schleifmittelanteilen im Schleifstein (von h nach n) bei den drei Schleifkornarten die Zerspanungsleistung abnimmt. Weiter wurde festgestellt, daß bei dem Schleifmittel Siliciumcarbid die größere Leistung zur Zerspanung aufzubringen ist. Die geringst ermittelte Leistung ergibt sich beim Schleifen mit Regenerat. Diese Tendenz war sowohl für die Schleifkorngröße 100 als auch für die Schleifkorngröße 320 zu erkennen. Das gilt sowohl für den Trocken- als auch für den Naßschliff.

Die Abb. 40 zeigt das ermittelte Drehmoment M. Es weist naturgemäß die gleiche Abhängigkeit von der verwendeten Steinart auf wie die in der Abb. 39 aufgeführten Leistungen.
Das bedeutet, daß umgerechnet auf die Umfangskraft am Schleifstein bei Verwendung von Regenerat geringere Kräfte für die Zerspanung des gleichen Stahlprobenmaterials notwendig sind als bei Korund und besonders Siliciumcarbid.
Die gemessenen Kräfte enthalten dabei die Zerspanungs- und Reibungskräfte.

8.2 Beim Schleifen im Werkstück auftretende Temperaturen

Die Abhängigkeit der beim Schleifen auftretenden Temperaturen von der Schleifsteinart ist in Abb. 41 wiedergegeben. Bei der Beurteilung scheint es zweckmäßig, die Gruppen der Schleifmittelkörnungen 100 und 320 getrennt zu betrachten.

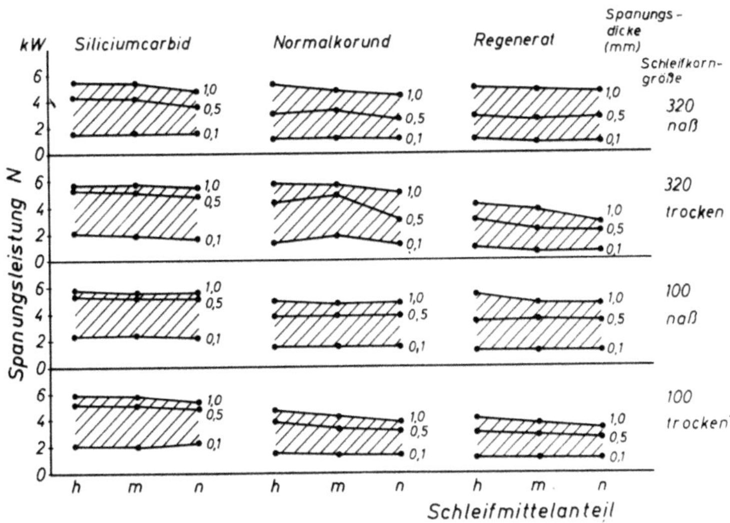

Abb. 39: Zerspanungsleistung N bei einer Spanungsdicke von 0,1; 0,5 und 1 mm beim Schleifen mit Topfschleifscheiben mit hohem, mittlerem und niedrigem Schleifmittelanteil Siliciumcarbid, Normalkorund und Regenerat der Körnungen 100 und 320 bei Trocken- und Naßschliff

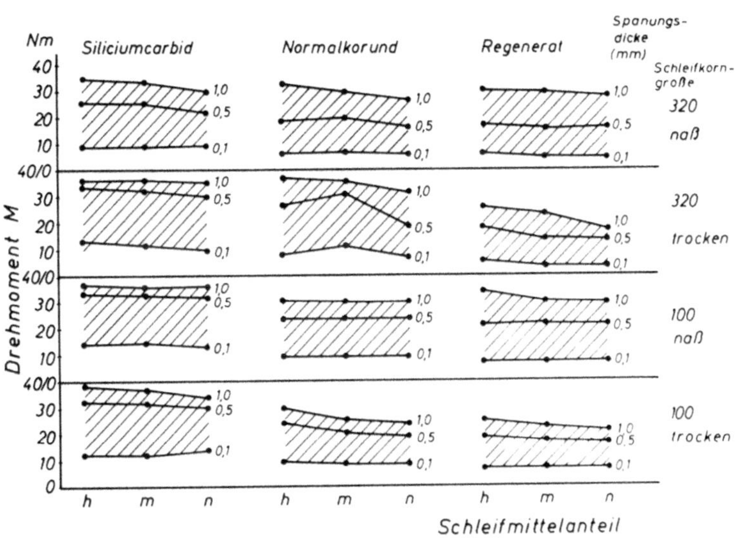

Abb. 40: Drehmoment M bei einer Spanungsdicke von 0,1; 0,5 und 1 mm beim Schleifen mit Topfschleifscheiben mit hohem, mittlerem und niedrigem Schleifmittelanteil Siliciumcarbid, Normalkorund und Regenerat der Körnungen 100 und 320 bei Trocken- und Naßschliff

Korngröße 100

Es zeigt sich, daß bei Trockenschliff die höchsten Oberflächentemperaturen, wenn man eine Spanungsdicke von 1mm zugrunde legt, beim Siliciumcarbid und Normalkorund auftreten. Gemessen wurden hier weitgehend unabhängig vom Schleifmittelanteil-Maximaltemperaturen von 1200° C und mehr. Vergleichend ergibt sich dagegen beim Regenerat bei niedrigem Schleifmittelanteil nur ein Wert von 1060° C. In allen Fällen ist wie auch beim Normalkorund kein wesentlicher Unterschied in der Höhe der erreichten Temperatur von der Zustellung gegeben, ob nun die Spanungsdicke 1 mm oder o,5 mm beträgt. Bei einer Spanungsdicke von 0,1 mm ergibt sich dagegen eine wesentliche Abweichung. So zeigten sich bei einer so kleinen Spanungsdicke beim Stein mit Siliciumcarbid bereits Temperaturen von 970 bis 1000° C, während Schleifsteine aus Korund nur 420 bis 480° C und aus Regenerat nur 500 bis 580° C brachten. Die hohen Temperaturen beim Siliciumcarbid schließen bei der hier auch höher aufgebrachten Leistung (Abb. 39) auf einen größeren Anteil an Reibungswärme. Tritt dagegen eine Wasserkühlung hinzu, so liegen die Schleiftemperaturen beim Siliciumcarbid gegenüber Korund und Regenerat gleich oder niedriger. Weiterhin zeigt sich, daß beim Naßschliff mit geringer werdendem Schleifmittelanteil ein Temperaturanstieg gegeben ist, während beim Trockenschliff die Temperatur etwa gleichbleibend bzw. eher etwas fallende Tendenz zeigt. Es scheint, daß bei der Kühlung durch Wasser zwar Reibungswärme abgeführt wird, daß aber dementsprechend der geringen Änderung in der Arbeitsaufnahme zwischen Trocken- und Naßschliff die Reibungsarbeit durch das Wasser kaum verhindert wird.

Korngröße 320

Bei diesem kleineren Korn mußten zur Erlangung maximaler Festigkeiten andere Mischungsverhältnisse angewandt werden als bei der Körnung 100 (Tafel D). Diese wurden naturgemäß innerhalb des Korngrößenbereiches konstant gehalten.

Sofern man vom Normalkorund ausgeht, zeigte sich zunächst, daß im Gesamtbereich der Spanungsdicke von 0,1 bis 1 mm große Temperaturunterschiede gegeben sind. Wenn man jedoch eine mittlere Zustellung von 0,5 mm zugrunde legt, so ergibt sich, daß sich mit der hier beim Trockenschliff erreichten Temperatur von ca. 800° C erheblich niedrigere Temperaturen als bei den Steinen mit dem Schleifkorn 100 einstellen.
Eine ähnliche Tendenz zeigt sich, wenn auch nicht so ausgeprägt, beim Regenerat. Auch Siliciumcarbid zeigt beim Trockenschliff in etwa eine gleiche Abhängigkeit bei Spanungsdicken von 0,1 bis 1 mm, nur liegt die Temperatur insgesamt bei wesentlich niedrigeren Werten als vergleichsweise bei Korn 100. Bei allen Kornarten werden durch die Wasserkühlung die Schleiftemperaturen wesentlich herabgedrückt. So ergeben sich bei Siliciumcarbid 320 bei der geringen Spanungsdicke von 0,1 mm bei hohem Schleifmittelanteil beim Naßschliff Temperaturen von nur ca. 100° C und bei mittlerem und niedrigem Schleifmittelanteil Temperaturen von ca. 250° C gegenüber ca. 600 bis 650° C beim Trockenschliff.

Aus der Abb. 41 geht allgemein hervor, daß bei Naßschliff für Schleifscheiben mit grobem Korn (100) und hohen Zustellungen die niedrigsten Schleiftemperaturen bei Siliciumcarbid erreicht werden. Bei Körnung 320 sind die Unterschiede nicht gravierend. Hier erscheint sogar Normalkorund etwas günstiger, während Scheiben mit Regenerat und solche mit Siliciumcarbid etwa gleiche oder etwas höhere Temperaturen bedingen. Bei Trockenschliff zeigt sich bei kleiner Korngröße (320) auch hier, daß Siliciumcarbid erheblich niedrigere Schleiftemperaturen als Normalkorund und Regenerat ergibt.

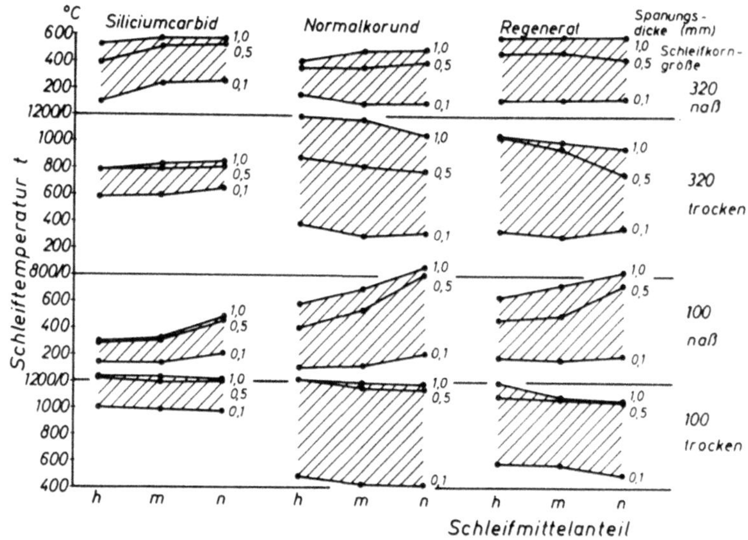

Abb. 41: Schleiftemperaturen t, gemessen an der Schleiffläche bei einer Spanungsdicke von 0,1; 0,5 und 1 mm beim Schleifen mit Topfschleifscheiben mit hohem, mittlerem und niedrigem Schleifmittelanteil Siliciumcarbid, Normalkorund und Regenerat der Körnungen 100 und 320 bei Trocken- und Naßschliff

Daraus folgert, daß, sofern man als Kriterium für die Verwendbarkeit einer Schleifscheibe die in den Oberflächen des Werkstückes erzeugten Temperaturen zu Grunde legt, bei großer Spanungsdicke (ungefähr 1 mm) der Naßschliff mit Siliciumcarbid am günstigsten ist, sofern Korngröße 100 Verwendung findet. Bei Körnung 320 kann dagegen ein Naßschliff mit Normalkorund etwas günstiger sein, während beim Regenerat und beim Siliciumcarbid in etwa gleiche Temperaturen erreicht werden.
Beim Trockenschliff verhält sich bei kleinerer Körnung (320) Siliciumcarbid wesentlich günstiger als Regenerat und Normalkorund, während bei größerem Korn (100) Regenerat die niedrigsten Temperaturen ergibt.

Bei der mikroskopischen Betrachtung des Abriebs beim Trockenschliff wurden durch die aufgetretenen Anlauffarben der Stahlspäne die zum Teil hohen Temperaturen bestätigt.
Teilweise finden sich unter den Spänen kugelförmige Partikelchen, die darauf hindeuten, daß vereinzelt Temperaturen vorhanden gewesen sein müssen, die über den gemessenen liegen, da diese Teilchen die Schmelzpunkttemperatur schon erreicht haben. Solche überhitzten Partikelchen werden sich sehr wahrscheinlich vereinzelt auf der Schleiffläche des Schleifsteines absetzen, wodurch sich der Anteil der Reibungswärme erhöht. Im Abschnittt 8.6, der von der Oberflächenrauhigkeit handelt, wird auf die abgesetzten Partikelchen nochmals näher eingegangen.
Bei allen Ergebnissen aus der Temperaturmessung ist zu berücksichtigen, daß die Messung der Temperatur durch die Anbringung von Thermodrähten zwischen zwei zusammengeklammerten Schleifproben erfolgte. Es wurde nur die Temperatur ermittelt, die an der Oberfläche im Bereich der Thermodrähte entsteht. Nicht berücksichtigt ist dabei, daß während der Erwärmung der Thermodrähte gleichzeitig eine Wärmeabwanderung innerhalb der Stahlprobe erfolgt, so daß die wahre Oberflächentemperatur höher als die gemessene gelegen haben muß. Da die Verhältnisse an allen Proben gleich sind, ist aber eine vergleichsweise Beurteilung der gefundenen Temperaturwerte möglich. Durch die Wärmeabfuhr innerhalb der Probe entsteht ein Temperaturge-

fälle, das in Verbindung mit den gleichzeitig unterschiedlichen Erwärmungszeiten durch Anlaßwirkung zu unterschiedlichen Härten in den verschiedenen Gebieten senkrecht zur Schleiffläche führt. Wird das zu schleifende Werkstück zusätzlich durch Schleifwasser gekühlt, wobei der Kühlflüssigkeitsstrahl auf der Einlaufseite des Schleifvorganges auf die Probe trifft, so kommt es zu Aufhärtungen, sofern die Probe an dieser Stelle bereits teilweise oder ganz austinitisiert worden ist. Eine derartige Wiederaufhärtung ist allerdings auch beim Trockenschliff möglich, und zwar bedingt durch die Wärmeabfuhr in das Stück bzw. auch durch die zugeführte Luft (Abb. 42).

Durch den verhältnismäßig großen Verschleiß der magnesitgebundenen Schleifsteine, vor allem bei größeren Zustellungen, ist während des Schleifprozesses vom Einschliff bis zum Ausschliff die Kühlwasserverteilung unterschiedlich, wobei beim Ausschliff nur noch sehr geringe Kühlwassermengen vorhanden sind. Dadurch wird sich die Schleiftemperatur im Auslauf beim Naßschliff noch zusätzlich erhöhen.

In dem 1974 veröffentlichten Forschungsbericht "Auswirkungen des Schleifens bei der Feinstbearbeitung von rostbeständigem Stahl" (2409) wurden bei gleichen Schleifmitteln bei keramisch gebundenen Schleifsteinen höhere Schleiftemperaturen als bei magnesitgebundenen Schleifsteinen festgestellt. Dabei ist zu bedenken, daß zwar die am Schleifkorn beim Schleifen entstehende Temperatur und Wärmemenge bei beiden Schleifarten etwa gleich groß sein müßte, daß aber neben dem Auftreten unterschiedlicher Reibungswärme der magnesitgebundene Stein eine bessere Wärmeleitung und einen größeren Verschleiß aufweist, wodurch die Temperatursteigerung an der Schleiffläche des Steines nicht so groß wird.

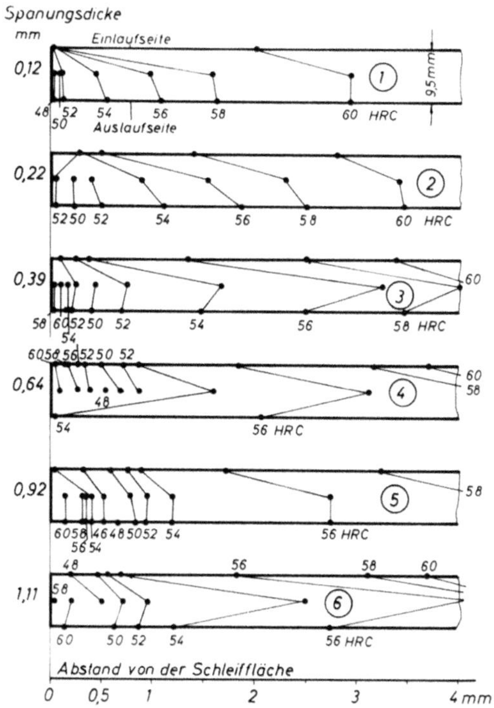

Abb. 42: Härteänderung innerhalb der Proben (9,5 x 6 x 65 mm) des Stahles X 45 CrMoV 15 bei Trockenschliff mit einer Topfschleifscheibe mit Schleifmittel Normalkorund Körnung 100 mittleren Kornanteils bei Spanungsdicken zwischen 0,12 und 1,11 mm
Härte vor dem Schleifen 59 bis 60 HRC
Mittlere Schleifgeschwindigkeit $\bar{v}_s$ = 19 m/s
Werkstückvorschubgeschwindigkeit sw = 1 m/min

8.3 Härteänderungen im Werkstück durch die Erwärmung beim Schleifen

Durch die Härtung der Chromstahlproben weist das Probenmaterial eine Härte von 59 bis 60 HRC auf. Die durch das Schleifen auftretende Wärme verursacht innerhalb der Proben Härteveränderungen. Da die Einwirkzeit der Wärme beim Schleifen und besonders beim Naßschliff verhältnismäßig kurz ist und die Gefügeänderungen von Temperatur und Zeit abhängig sind, ist die nach dem Schleifen in der geschliffenen Oberflächenschicht auftretende Härte ebenfalls durch diese beiden Faktoren bedingt. Hinzu tritt noch der Einfluß der Abkühlgeschwindigkeit (Abb.43 aus FB 2409).

In der Abb. 42 sind nun die Härteänderungen von sechs geschliffenen Proben, die mit dem Schleifstein Korund 100 mittleren Schleifkornanteils mit unterschiedlicher Spanungstiefe zwischen 0,12 bis 1,11 mm im Trockenschliff geschliffen wurden, wiedergegeben. Ausgewertet wurde die Härte an jeweils drei Stellen der Proben, und zwar an der Einlaufseite, an der Mittelebene und an der Auslaufseite. Die Härte wurde dabei in HV 1 gemessen und vergleichend nach der DIN-Vergleichstabelle in HRC-Wertung umgerechnet. Bedingt durch die Größe des Härteeindrucks läßt sich die Härte erst ab 0,05 mm Abstand hinter der Schleiffläche bestimmen. Auf der Schleiffläche selbst ist eine Bestimmung der Härte aufgrund der vorhandenene Rauhigkeit nicht möglich.

Aus der Abb. 42 geht hervor, daß beim Trockenschliff bei dem geringen Abschliff von 0,12 mm in der Schleifflächennähe, d. h. 0,05 mm unter der Schleiffläche, eine Härteänderung durch Anlassen des Stahles erfolgt ist. Bei Abtragungen von 0,39 bis 1,11 mm ist dagegen im Bereich der geschliffenen Oberfläche eine Aufhärtung erfolgt. Sofern man von der Härte auf die aufgetretenen Temperaturen schließen will, zeigt sich auch hier, daß die Erwärmungen in der Probenmitte und an der Auslaufseite höher gewesen sind als an der Einlaufseite.

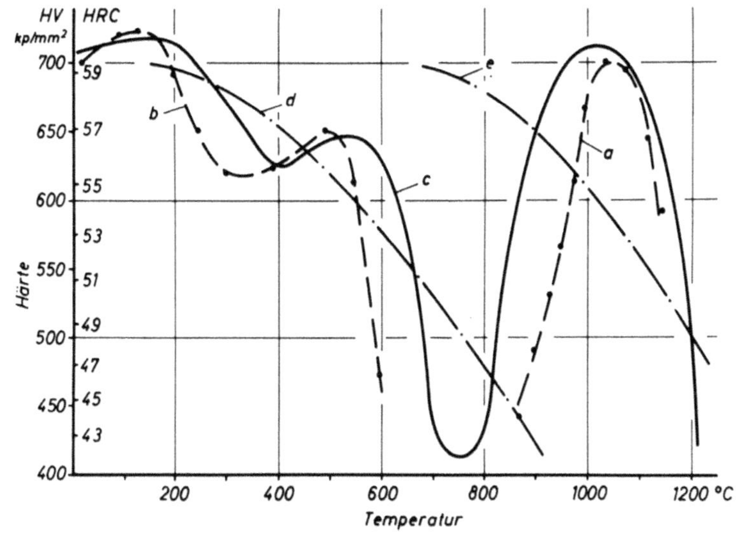

Abb. 43: Härte des Stahles X 45 CrMoV 15 in Abhängigkeit von der Temperatur bei kurzen und langen Wärmeeinwirkungszeiten

a = Härte-Härtetemperatur-Kurve, Erwärmungs- plus Haltezeit 18 min, Abschrecken in Öl

b = Härte-Anlaßtemperatur-Kurve, Anlaßzeit 15 min (Härtetemperatur 1045°C)

c = Härte-Tauchtemperatur-Kurve, Wärmeeinwirkungszeit 3 bis 11 sec. bei $T \geqq T_{max/2}$

d = Härte-Schleiftemperatur-Kurve (Entfernung von der Schleiffläche = O. Schleifen mit magnesitgebundener Siliciumcarbid - Topfschleifscheibe), Wärmeeinwirkungszeit ca. 0,45 sec. bei $T \geqq T_{max/2}$

e = Härte-Schleiftemperatur-Kurve (Entfernung von der Schleiffläche = O, Schleifen mit keramischgebundener Siliciumcarbid-Topfschleifscheibe), Wärmeeinwirkungszeit ca. 0,15 sec. bei $T \geqq T_{max/2}$

Wird eine Schleifprobe auf der Einlaufseite noch durch Kühlwasser zusätzlich gekühlt, so daß Wärme durch das Kühlwasser abgeleitet wird, tritt der Anlaßeffekt in geringerem Maße auf. In den mittleren Schichten und an der Auslaufseite müssen dagegen die hier auftretenden höheren Temperaturen und längeren Wärmewirkungszeiten Anlaßeffekte und evtl. Wiederaufhärtungen hervorrufen. Die Abb. 44 (aus FB 2409) zeigt die Härteverteilung innerhalb einer Schleifprobe, die mit Wasserkühlung geschliffen wurde.

Diese Probe wurde mit einem magnesitgebundenen Schleifstein Si 50 unter gleichen Bedingungen wie die nunmehr durchgeführten Versuche bearbeitet. Aus dem Bild wird deutlich, daß mit zunehmender Entfernung von der oberen am intensivsten gekühlten Werkstofffläche die beim Schleifen entstehende Härteminderung sich noch im Werkstück bemerkbar macht, so daß die Härte der unteren Werkstückfläche, an der die Kühlwirkung am schlechtesten ist, selbst noch in einer Entfernung von 1,6 mm von der Schleiffläche um 2 HRC abfällt.

Während im oberen wassergekühlten Teil der Schleifprobe die Härte in Richtung zur Schleiffläche abnimmt, steigt im unteren Probenteil die Härte nach einem Abfall auf einen Minimalwert von 43 HRC wieder auf 53 HRC an. Daraus ist zu schließen, daß im unteren Teil der Schleiffläche höhere Schleiftemperaturen entstanden, die im Bereich der Härtetemperatur lagen, so daß ein Härteanstieg in der Schleifflächenschicht entstand.

Die Linien gleicher Härte wurden in der Abb. 44 in Abständen von 2 HRC eingezeichnet. Damit geben die Abstände zwischen den Härtelinien darüber Auskunft, wie sich die Härteänderungen im Werkstückinnern verhalten. So traten in der Nähe der Schleiffläche bis zu einer Werkstücktiefe von ca. 200 µm starke Härteänderungen auf. Dagegen ändert sich die Härte in zunehmenden Werkstücktiefen von ca. 200 µm bis 700 µm nur geringfügig und steigt dann bei noch größeren Werkstücktiefen bis über 1600 µm langsam auf die vor dem Schleifen vorhandene Härte an.

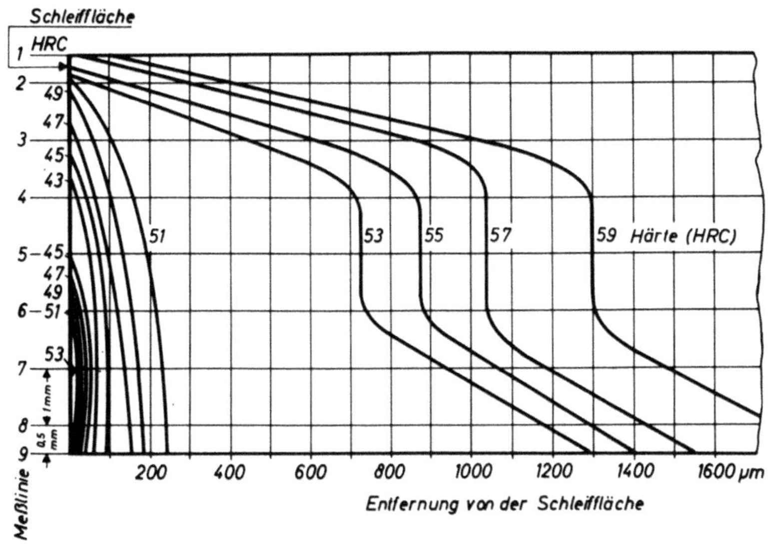

Abb. 44: Härteänderung in einer Probe (7 x 6 x 65 mm) des Stahles X 45 CrMoV 15 nach dem Naßschliff mit einer magnesitgebundenen Topfschleifscheibe Siliciumcarbid, Körnung 50, Härte IV bei einer Spanungsdicke von 0,1 mm, Härte vor dem Schleifen 59 bis 60 HRC Mittlere Schleifgeschwindigkeit $\bar{V}_s$ = 19 m/s Werkstückvorschubgeschwindigkeit sw = 1 m/min

Da nach Abb. 42 die Härte in unmittelbarer Nähe der Schleiffläche mit der Größe der Zustellung zunimmt, wurden mittels Ritzprüfungen im Bereich der Schleiffläche Härtevergleiche angestellt. Geritzt wurde mit einem Vickers-Diamanten, der mit 1; 2,5; 5 und 10 kg belastet wurde. Durch die unterschiedlichen Belastungen wurden der Tiefe nach verschiedene Schichten unter der Schleifoberfläche mit erfaßt. Durch zwei Vergleichsmessungen an Testproben, deren Werte 52 bzw. 56 HRC betrugen, ließ sich die Ritzhärte in etwa nach Rockwell umrechnen.

Abb. 45 zeigt die Ritzbreiten bei Proben, die mit den Schleifsteinen Normalkorund 100 und Siliciumcarbid 100 im Trockenschliff geschliffen wurden.

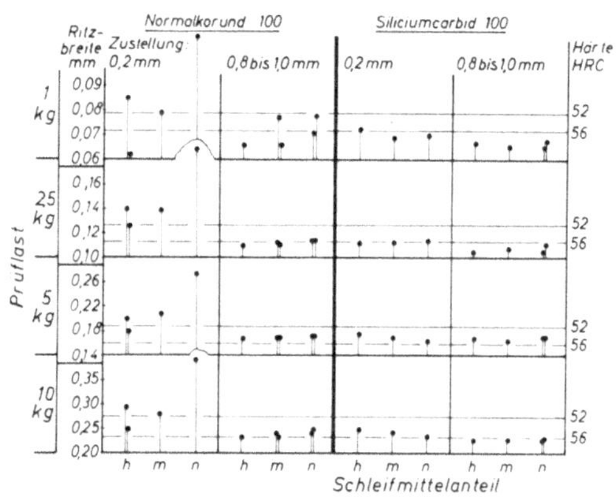

Abb. 45: Ritzbreiten bei unterschiedlicher Belastung des Prüfdiamanten (Vickersdiamant). Gemessen auf der Schleiffläche an Proben des Stahles X 45 CrMoV15. Bei geringer und hoher Zustellung geschliffen mit Topfschleifscheiben aus Normalkorund und Siliciumcarbid. Mittlere Schleifanteile der Körnung 100 im Trockenschliff. Vergleich zu den Ritzbreiten bei Härten von 52 bis 56 HRC des gleichen Stahles
Mittlere Schleifgeschwindigkeit $\overline{V}s$ = 19 m/s
Werkstückvorschubgeschwindigkeit sw = 1 m/min

Dort wo die Härtemessung nach Vickers HV 1 in Schleifflächennähe Höchstwerte der Härte zeigt, erscheint hier bei der Ritzhärtemessung diese Härte bei kleinen Belastungen

(Oberbereich der Schleiffläche) in vielen Fällen niedriger als die maximale Härte. Es scheint, daß in der äußersten Schleiffläche selbst teilweise nach der Wiederaufhärtung in dünnsten Schichten ein neuer Anlaß-Effekt vorhanden ist, der durch Wärmezufuhr aus den darunterliegenden Schichten entstand.

8.4 Korrosionsbeständigkeit der geschliffenen Stahlproben

Die in Abschnitt 7.3.2 geschilderte Korrosionsprüfung ergab für die Schleifproben,die mit unterschiedlichen Schleifsteinen im Trocken- und Naßschliff geschliffen wurden bei den unterschiedlichen Spanungsdicken von 0,1; 0,25; 0,50; 0,75 und 1 mm die in Abb. 46 wiedergegebenen Potentialdifferenzwerte (mV). Diese Werte, bezogen auf die beim Schleifen gemessenen Schleiftemperaturen, sind in der Abb. 47 aufgezeichnet.

Es zeigt sich, daß sich beim Naßschliff mit allen Schleifkornarten der Körnung 320 aufgrund der hier gegenüber dem Trockenschliff aufgetretenen niedrigen Temperaturen eine ausreichende Korrosionsbeständigkeit der Proben ergibt. Hingegen haben die beim Trockenschliff in der Schleiffläche auftretenden höheren Temperaturen im allgemeinen zu einer Verringerung der Korrosionsbeständigkeit geführt. In den Temperaturgebieten von über 800° C, die bei Spanungsdicken von 0,5 mm und mehr erreicht werden, ist allerdings durch die höhere Temperatur und die hierdurch vorhandene Wiederaufhärtung auch eine Erhöhung der Korrosionsbeständigkeit gegeben. Auffallend ist, daß beim Trockenschliff mit Siliciumcarbid 320 die Schleifsteine mit mittlerem und niedrigem Kornanteil niedrige Korrosionswerte des Stahles ergeben haben, wobei sich der Temperaturbereich bei der Zerspanung mit Abnahmen zwischen 0,1 und 1 mm in verhältnismäßig engeren Grenzen hält (600 bis 850° C), als dies beim Korund und Regenerat 320 der Fall ist.

Nach früheren Untersuchungen (FB 2409) sind durch die kurzen Wärmeeinwirkungszeiten, wie sie beim Schleifen vorliegen, Verschiebungen des Steilabfalls der Ruhepotentialdifferenz gegenüber dem Anlassen mit einer Einwirkungszeit von 15 Minuten zu höheren Temperaturen hin gegeben.

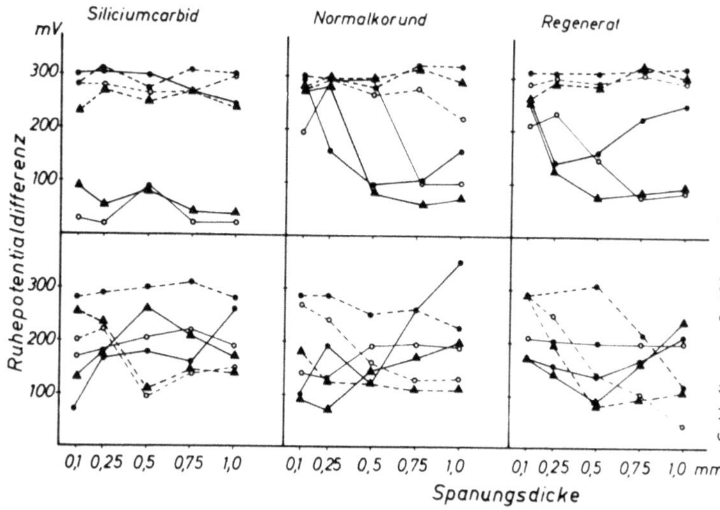

Abb. 46: Ruhepotentialdifferenz, trocken und naß geschliffener Proben des Stahles X 45 CrMoV 15 bei unterschiedlicher Spanungsdicke. Schleifen mit Topfschleifscheiben aus Siliciumcarbid, Normalkorund und Regenerat der Körnungen 100 und 320 mit hohem, mittlerem und niedrigem Schleifmittelanteil. Mittlere Schleifgeschwindigkeit $\bar{V}_S$ = 19 m/s Werkstückvorschubgeschwindigkeit sw = 1 m/min

	Schleifmittelanteil	Schleifart
●———●	hoch	trocken
●-----●	hoch	naß
△———△	mittel	trocken
△-----△	mittel	naß
○———○	niedrig	trocken
○-----○	niedrig	naß

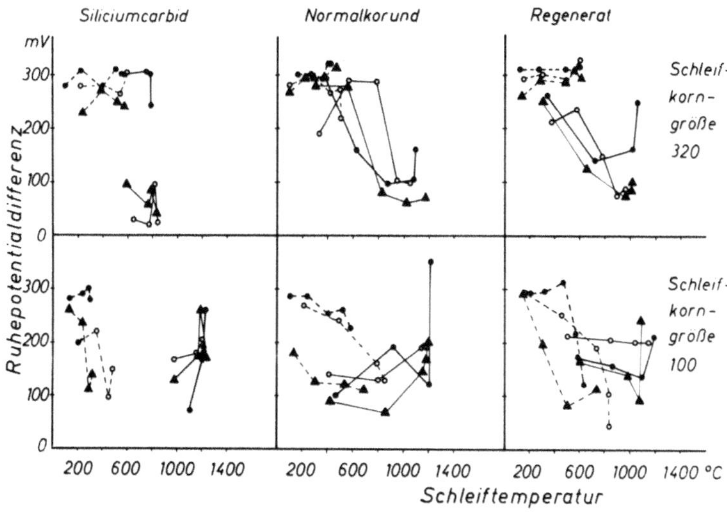

Abb. 47: Ruhepotentialdifferenz trocken und naß geschliffener Proben des Stahles X 45 CrMoV 15 bei unterschiedlicher an der Oberfläche gemessener Schleiftemperatur. Schleifen mit Topfschleifscheiben aus Siliciumcarbid, Normalkorund und Regenerat der Körnungen 100 und 320 mit hohem, mittlerem und niedrigem Schleifmittelanteil.
Mittlere Schleifgeschwindigkeit $\bar{V}_S$ = 19 m/s
Werkstückvorschubgeschwindigkeit sw = 1 m/min

	Schleifmittelanteil	Schleifart
●———●	hoch	trocken
●-----●	hoch	naß
△———△	mittel	trocken
△-----△	mittel	naß
○———○	niedrig	trocken
○-----○	niedrig	naß

Bei den Schleifsteinen mit Schleifkorngrößen 100 ergeben sich bei Korund und Regenerat etwa gleiche Abhängigkeiten zwischen hohem Potential und Spanungsdicke. (Abb. 47). Mit zunehmender Spanungsdicke ist eine ansteigende Schleiftemperatur zu verzeichnen, die zum Abfall der Ruhepotentialdifferenz führt. Erst bei höheren Schleiftemperaturen, wie sie sich bei größeren und größten Spanungsdicken ergeben, ist durch die hier vorhandene Wiederaufhärtung eine Verbesserung der Ruhepotentialdifferenz zu verzeichnen.

Bei den Schleifsteinen aus Siliciumcarbid 100 mit mittlerem und niedrigem Kornanteil ist schon beim Naßschliff trotz eines engen Temperaturbereiches zwischen 0,1 und 1 mm Abschliff ein starkes Abfallen der Ruhepotentialdifferenz gegeben, während beim Trockenschliff bei allen drei Schleifmittelanteilen sich im allgemeinen ein Ansteigen der Ruhepotentialdifferenz mit steigender Spanungsdicke und Schleiftemperatur zeigt.

Durch die vorliegenden Untersuchungen in Verbindung mit den Ergebnissen aus dem Forschungsbericht 2409 zeigt sich, daß die Ruhepotentialdifferenz (Korrosionsbeständigkeit) in etwa mit der in dem geschliffenen Oberflächenbereich gemessenen Härte ansteigt. Fallende Härte ist demnach auch mit Abfall der Korrosionsbeständigkeit verbunden, wobei die Härteänderungen je nach Stärke der Spanungsdicke durch die Schleiftemperatur und die Wäremeinwirkungszeit unterschiedlich ist. Dabei wird die Wärmeeinwirkungszeit durch die Kühlung beeinflußt.

Der Einfluß der Schleifmittelart, der Korngröße, des Schleifmittelanteils und der Spanungsdicke beim Schleifen auf die Korrosionsbeständigkeit der geschliffenen Proben ist in der Abb. 48 aufgetragen. Es zeigt sich, daß bei einer Korngröße von 320 im Vergleich zu 100 bei Naßschliff kein wesentlicher Unterschied in der Korrosionsbeständigkeit gegeben ist, ob nun Siliciumcarbid, Normalkorund oder Regenerat verwendet wird. Lediglich bei Siliciumcarbid scheint der mittlere Schleifmittelanteil keine solche Wiederaufhärtung zu geben, worauf der etwas niedrigere Potentialwert hindeutet. Anders sieht es beim Naßschliff mit Korn 100 aus. Hier ergeben sich

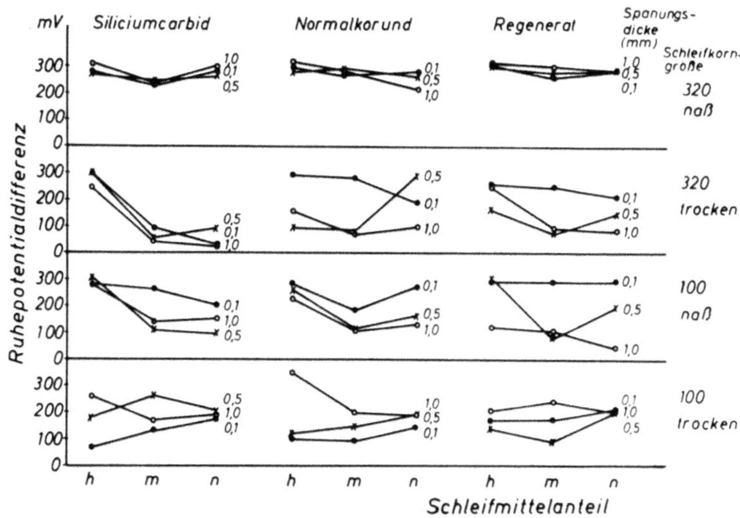

Abb. 48: Ruhepotentialdifferenz nach 60 min Prüfdauer an Proben des Stahles X 45 CrMoV 15 nach dem Schleifen mit Topfschleifscheiben aus Siliciumcarbid, Normalkorund und Regenerat der Körnungen 100 und 320 mit hohem, mittlerem und niedrigem Schleifmittelanteil bei Trocken- und Naßschliff. Spanungsdicken von 0,1; 0,5 und 1 mm. Mittlere Schleifgeschwindigkeit $\bar{V}_s$ = 19 m/s Werkstückvorschubgeschwindigkeit sw = 1 m/min

zum Teil große Unterschiede in der Höhe des Ruhepotentialwertes, bedingt besonders beim Regenerat durch die unterschiedliche Spanabnahme. Außerdem erscheint ein hoher Schleifmittelanteil im allgemeinen günstig. Bei Trockenschliff hat sich bei Korn 320 ein hoher Schleifmittelanteil als günstig erwiesen. Ein niedriger Schleifmittelanteil läßt besonders beim Siliciumcarbid Korn 320 den durch das Ruhepotential angezeigten Korrosionswiderstand absinken.
Bei Korn 100 und Trockenschliff ist dieses Verhalten jedoch nicht mehr ausgeprägt, sondern wird sogar zum Teil gegenläufig. Die Unterschiede sind jedoch nicht sehr groß und liegen zum Teil im Streubereich.

8.5 Schleifsteinverschleiß

Der innerhalb der einzelnen Schleifsteingruppen beim Trocken- und Naßschliff unterschiedliche Anteil an Schleifmitteln (hoch, mittel, niedrig) ergibt bei den ausgewählten Spanungsdicken von 0,1; 0,5 und 1 mm einen unterschiedlichen Schleifsteinverschleiß (Abb. 49). Mit geringer werdendem Schleifmittelanteil ist ein Anstieg des Schleifsteinverschleißes zu verzeichnen. Dies ist bei allen drei Schleifmittelarten sowie bei den beiden Schleifkorngrößen 100 und 320 sowohl beim Trocken- als auch beim Naßschliff festzustellen. Die Unterschiede sind allerdings zum Teil nur gering. Das gilt besonders für die kleinen Spanungsdicken.

Wie aus Abb. 49 ersichtlich, ist der Unterschied des Steinverschleißes zwischen den Schleifmittelgruppen Korund und Regenerat nicht sehr groß. Dagegen zeigt sich bei dem Schleifmittel Siliciumcarbid bei Schleifkorngröße 100 bereits ein höherer Steinverschleiß, der bei Schleifkorngröße 320 dann noch deutlicher in Erscheinung tritt.

In der bei der Untersuchung durchgeführten Spanungsdicke im Bereich von 0,1 bis 1 mm ergab sich bei den einzelnen Schleifsteinen - auch bei den hier nicht aufgezeichneten Spanungsdicken - bei Regenerat und Korund mit niedrigem und mittlerem Schleifmittelanteil ein als in etwa konstant anzusehendes Verhältnis zwischen dem abgenommenen Schleifstein-

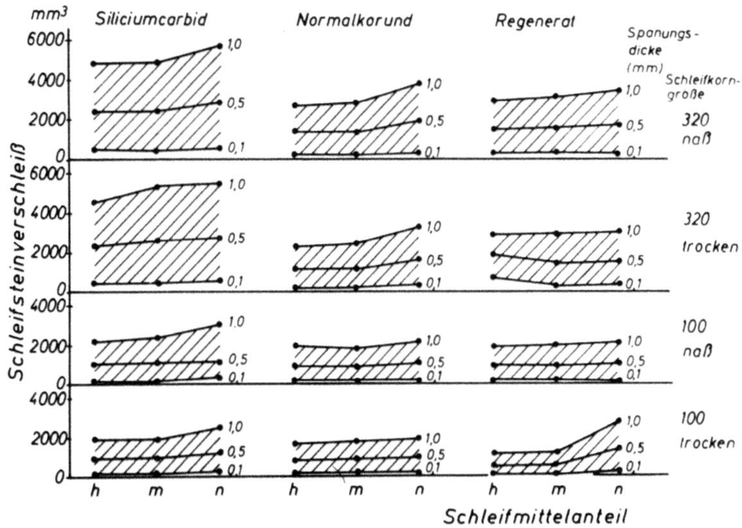

Abb. 49: Schleifsteinverschleiß beim Schleifen von Proben des Stahles X 45 CrMoV 15, Schleiffläche 9,5 x 65 mm, bei 0,1; 0,5 und 1 mm Spanungsdicken. Trocken- und Naßschliff mit Topfschleifscheiben aus Siliciumcarbid, Normalkorund und Regenerat der Körnungen 100 und 320 mit hohem, mittlerem und niedrigem Schleifmittelanteil.
Mittlere Schleifgeschwindigkeit $\bar{V}_s$ = 19 m/s
Werkstückvorschubgeschwindigkeit sw = 1 m/min

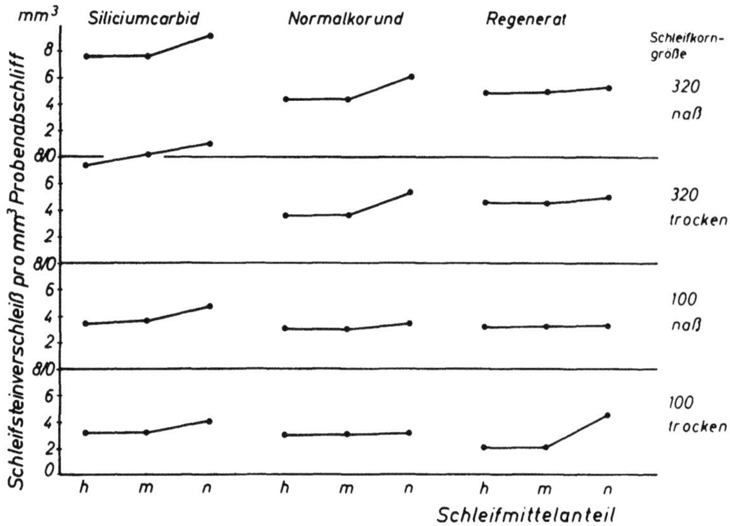

Abb. 50: Schleifsteinverschleiß pro mm^3 Abschliff der Proben des Stahles X 45 CrMoV 15 bei Trocken- und Naßschliff mit Topfschleifscheiben aus Siliciumcarbid, Normalkorund und Regenerat der Körnungen 100 und 320 mit hohem, mittlerem und niedrigem Schleifmittelanteil
Mittlere Schleifgeschwindigkeit $\bar{V}_s$ = 19 m/s
Werkstückvorschubgeschwindigkeit sw = 1 m/min

volumen und dem Spanvolumen, wie es in Abb. 50 für die einzelnen Schleifsteine aufgezeichnet ist. Das gilt auch für Siliciumcarbid bei Korngröße 100.

Bei Schleifkorngröße 320 liegt bei Siliciumcarbid der Schleifsteinverschleiß gegenüber Korund oder Regenerat derselben Korngröße sehr hoch. Das gilt sowohl für Naß- als auch für Trockenschliff. Dabei ist in allen Fällen, und zwar auch bei der Korngröße 100, ein wesentlicher Unterschied im Steinverschleiß pro mm^3 Abschliff zwischen Trocken- und Naßschliff nicht festzustellen. In den meisten Fällen ist der Verschleiß unabhängig davon, ob ein hoher oder mittlerer Schleifmittelanteil im Stein gewählt wurde. Erst bei niedrigem Schleifmittelanteil steigt im allgemeinen der Steinverschleiß pro mm^3 Stahlabschliff. Das gilt in fast allen Fällen, - in stärkerem Maße ausgeprägt jedoch beim Siliciumcarbid.

Wenn man auch aufgrund der Vorversuche annehmen muß, daß durch die Einwirkungen des Kühlwassers und die damit bedingte Verminderung der Festigkeit der Bindung eine Erhöhung des Steinverschleißes eintreten könnte, so trifft dies nur dort zu, wo der Stein längere Zeit mit dem Kühlwasser in Berührung stand. Da aber beim Schleifen die Schleiffläche des Schleifsteines laufend abgetragen wird, hat das Kühlwasser zeitlich bedingt keine Gelegenheit, die Festigkeit der Bindungsanteile herabzusetzen und dadurch den Steinverschleiß zu erhöhen. Aus den Kurven der Abb. 49 ergibt sich auch der Einfluß der Zustellung. Dabei sind Verschleißmessungen bei Zustellungen unter 0,1 mm nicht untersucht worden, da diese in der Praxis beim Schleifen von Schneidwaren im Stirnschliffverfahren so gut wie nicht angewendet werden. Aus der Abb. 49 zeigt sich, daß unabhängig von der Korngröße und unabhängig davon, ob naß oder trocken geschliffen wird, die Steine mit Siliciumcarbid einen größeren Steinverschleiß aufweisen. Das gilt sowohl für hohen als auch für niedrigen Schleifmittelanteil im Stein. Besonders bemerkbar macht sich das hier ungünstige Verhalten des Siliciumcarbid-Schleifsteins bei höheren Spanabnahmen und da besonders bei dem Korn 320 im Trocken- und Naßschliff. In den meisten sonstigen Fällen steigt der Steinverschleiß an, wenn niedrige Schleifmittelanteile gewählt werden, während die hohen Schleifmittelanteile gegenüber mittleren keinen Vorteil in Bezug auf Verminderung des Schleifsteinverschleißes bringen.

8.6 Oberflächenrauhigkeit der geschliffenen Stahlproben

Bei der vorliegenden Art des Schleifens (Stirnschliff) ist die auf den Stahlproben vorhandene Rauhigkeit vorrangig von der Vorschubgeschwindigkeit des Werkstückes und der Schleifsteinumdrehungszahl abhängig. Stehen einzelne Schleifkörner im Verband eines Schleifsteines aus der Stirnfläche hervor, so sind sie maßgebend an der Schleifriefengestaltung beteiligt (Abb. 38). Aus den Tiefen und der Anzahl der sich bildenden Schleifriefen ergeben sich die Rauhigkeitsfaktoren R_t und R_a.

Dabei ist zu berücksichtigen, daß von den Schleifsteinen her nicht nur ein Schleifkorn, sondern mehrere Schleifkörner auf die Schleiffläche einwirken, so daß sich die Schleifriefen überschneiden und damit die Rauhigkeit wieder vermindert wird. Es werden nun möglichst kleine Rauhigkeitsgrößen angestrebt, um das bei vielen Schneidwaren nachfolgende Polieren zu erleichtern, da sich Teile mit kleiner Rauhigkeit schneller und mit geringerem Arbeitsaufwand auspolieren lassen als solche mit größeren Rauhigkeiten.

Die sich durch das Schleifen der Stahlproben bei gleichen Schleifbedingungen ergebenden Rauhigkeiten R_t (R_t = max. Rauhtiefe) und R_a (R_a = mittlere Rauhtiefe) sind in den Abb. 51 und 52 aufgezeichnet. Aus diesen Abbildungen geht hervor, daß bei den meisten der hier ausgewerteten Schleifversuche die Rauhtiefen Rt und Ra mit abnehmendem Schleifmittelanteil etwas geringer werden. Zunahmen zeigen sich bei Erhöhung der Spanungsdicken von 0,1 über 0,5 auf 1, mm, deren Ursache nicht in der Schleifkorngröße bzw. dem Vorschub

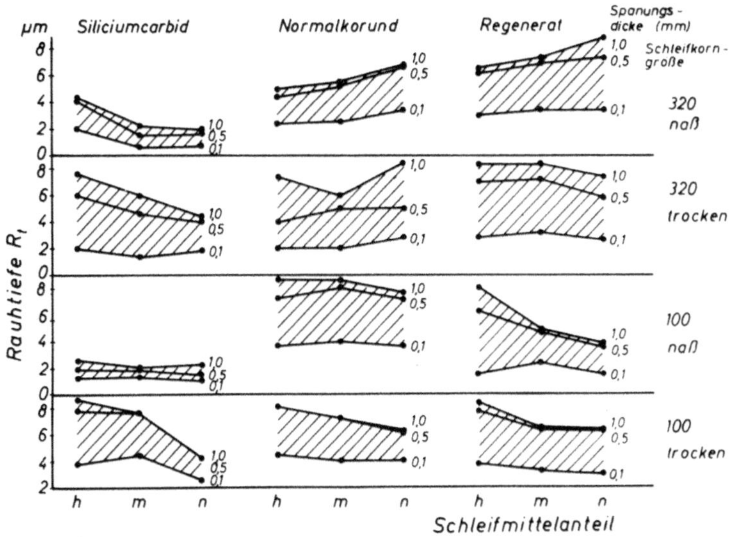

Abb. 51: Rauhtiefe R_t der Schleifflächen. Gemessen an Proben des Stahles X 45 CrMoV 15, geschliffen mit Topfschleifscheiben aus Siliciumcarbid, Normalkorund und Regenerat der Körnungen 100 und 320 mit hohem, mittlerem und niedrigem Schleifmittelanteil bei Spanungsdicken von 0,1; 0,5 und 1,0 mm
Mittlere Schleifgeschwindigkeit $\bar{V}_s$ = 19 m/s
Werkstückvorschubgeschwindigkeit sw = 1 m/min

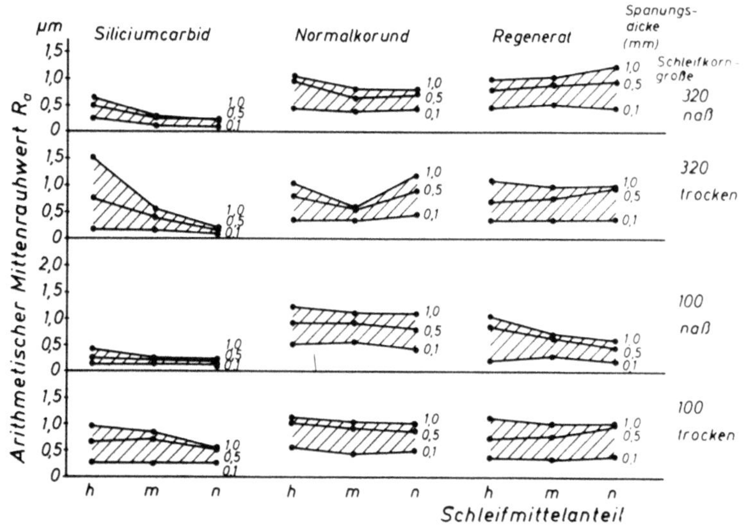

Abb. 52: Arithmetischer Mittenrauhwert R_a der Schleifflächen. Gemessen an Proben des Stahles X 45 CrMoV 15, geschliffen mit Topfschleifscheiben aus Siliciumcarbid, Normalkorund und Regenerat der Körnungen 100 und 320 mit hohem, mittlerem und niedrigem Schleifmittelanteil bei Spanungsdicken von 0,1; 0,5 und 1,0 mm
Mittlere Schleifgeschwindigkeit $\bar{v}_s$ = 19 m/s
Werkstückvorschubgeschwindigkeit sw = 1 m/min

zu sehen ist. Die verhältnismäßig großen Rauhtiefen bei den großen Spanungsdicken dürften vielmehr darauf zurückzuführen sein, daß sich viele Stahlpartikelchen wegen Fehlens der Spankammern auf dem Schleifstein absetzen. Durch die hohe Schleiftemperatur der Partikelchen (Späne) werden diese plastisch verformbar, und durch den Schleifdruck in die Oberfläche des Schleifsteins hineingedrückt. Sie haften dann fest an den einzelnen Schleifkörnern. Beim weiteren Schleifen werden sie zusammen mit Teilchen des Steines als größere Partikel über die erhitzte Oberfläche der Stahlprobe gezogen, wodurch eine verhältnismäßig große Rauhtiefe entsteht. Eine weitere Begründung der größeren Rauhtiefe ist darin zu sehen, daß auch beim Verschleiß der Schleifsteine mit zunehmender Spantiefe ganze Schleifkorngruppen aus dem Verband ausbrechen und hierdurch tiefe Schleifriefen erzeugt werden.
Die mikroskopische Untersuchung des Abriebs von mehreren Schleifsteinen bei verschiedenen Zustellungen zeigt, daß in dem Abrieb teilweise ganze Korngruppen vorhanden waren. Diese Korngruppen enthalten zum Teil noch Anteile der Bindung, teilweise kleben sie auch noch an den Metallspanpartikelchen, die sich vorher auf der Oberfläche der Schleifsteine abgesetzt hatten. Dabei ist zu erwarten, daß der Bindungsanteil der ausgerissenen Korngruppen eine derart hohe Temperatur erfahren hat, daß die Festigkeit stark herabgesetzt wird.

Die besten Ergebnisse in Bezug auf Oberflächenrauhigkeit haben sich nun für alle drei Schleifmittelanteile und Korngrößen der Gruppe Siliciumcarbid gezeigt. Das gilt für den Trocken- und ganz besonders für den Naßschliff. Mit Siliciumcarbid lassen sich damit wesentlich geringere Rauhtiefen erreichen als mit Normalkorund oder Regenerat, hier wieder besonders bei mittleren und niedrigen Schleifkornanteilen im Stein (Abb. 51). Dieser Vorteil der Siliciumcarbid-Steine macht sich besonders beim Naßschliff, und zwar bei beiden untersuchten Korngrößen bemerkbar. Auffallend ist auch, daß für die Spanungsdicken von 0,1 und 1 mm bei Naßschliff der Einfluß der Spanungsdicke bei Siliciumcarbid-Steinen wesentlich geringer ist als bei Steinen mit Normalkorund oder Regenerat. Sofern es sich um die Erreichung einer geringen maximalen Rauhtiefe oder einer kleinen mittleren Rauhtiefe handelt, (Abb. 51) scheint der Stein mit Siliciumcarbid sowohl beim Trockenschliff als aber auch besonders beim Naßschliff den Steinen mit den beiden anderen Schleifmittelarten erheblich überlegen zu sein. Der zum Vergleich auch noch in der Schleiffläche mitgemessene Traganteil tp in 2 µm Tiefe unterhalb der Schleiffläche ist in Abb. 53 wiedergegeben. Hier zeigt sich besonders bei großen Spantiefen die Überlegenheit der Siliciumcarbid-Steine. Das gilt besonders bei Trockenschliff bei niedrigem Schleifkornanteil und bei Naßschliff sowohl bei mittlerem als auch bei niedrigem Kornanteil.

Da beim Schleifen die über die ganze Fläche des Schleifsteins verteilte Schleifkörner angreifen, muß normalerweise die geschliffene Fläche in einer Ebene liegen. Weil aber die Schleifsteine nicht vollkommen gleichmäßig verschleißen, ergibt sich, daß einzelne Stellen der Schleifsteinflächen, wenn auch nur um wenige µm, vorstehen, wodurch eine Welligkeit erzeugt wird, die in die Rauhigkeitsmessung selbst nicht eingeht.

Auffallend sind bei der mikroskopischen Betrachtung der geschliffenen Flächen, daß verschiedene Stellen vorhanden sind, die ähnlich einer Lochfraßstelle aussehen. Da dies aber auch beim Trockenschliff auftritt, müssen an diesen Stellen während des Auslaufes Partikelchen aus der geschliffenen Oberfläche herausgerissen worden sein. Die größte dieser Fehlstellen wurde bis zu 50 µm Durchmesser festgestellt. Diese Fehlstellen werden wahrscheinlich durch Ungleichmäßigkeiten im Stahlgefüge (Carbidnester, Schlacken) mit beeinflußt.

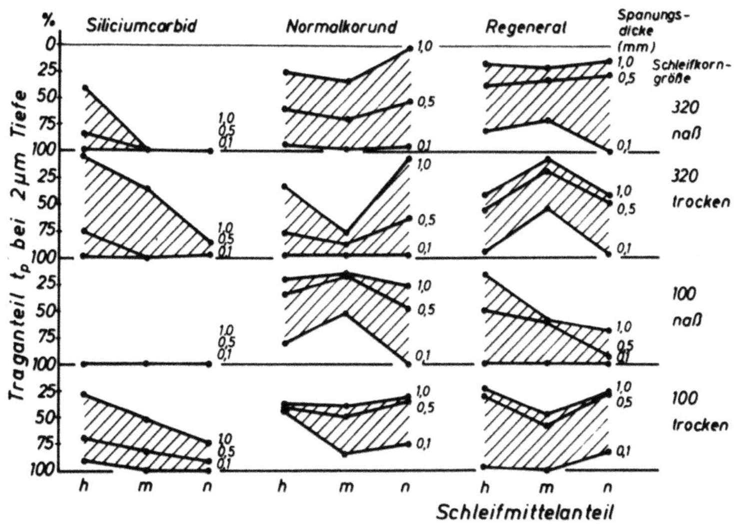

Abb. 53: Traganteil tp in 2 µm Tiefe der Schleifflächen. Gemessen an Progen des Stahles X 45 CrMoV15, geschliffen mit Topfschleifscheiben aus Siliciumcarbid, Normalkorund und Regenerat der Körnungen 100 und 320 mit hohem, mittlerem und niedrigem Schleifmittelanteil bei Spanungsdicken von 0,1; 0,5 und 1,0 mm; Mittlere Schleifgeschwindigkeit $\bar{V}s$ = 19 m/s, Werkstückvorschubgeschwindigkeit sw = 1 m/min

8.7 Allgemeine Ergebnisse aus den durchgeführten Schleifuntersuchungen

Bei den vorliegenden Untersuchungen hat sich gezeigt, daß sich günstige Eigenschaften in Bezug auf das Verhalten der Schleifsteine einerseits und das Verhalten der geschliffenen Chromstahlproben andererseits zum Teil entgegenstehen. Übertragen auf die Praxis kommt es also darauf an, was als vorrangig betrachtet werden muß, und zwar der Schleifstein und sein Verhalten beim Schleifen, oder das zu schleifende Werkstück mit den hier gestellten Anforderungen an ausreichende Korrosionsbeständigkeit und geringe Rauhtiefen. Sollen die günstigsten Bedingungen für den Schleifstein herausgestellt werden, so ist hierfür der Schleifsteinverschleiß und die Zerspanungsleistung in Verbindung mit der aufzuwendenden Schleifarbeit bestimmend. Es zeigt sich hier, daß mit abnehmenden Schleifkornanteilen eine Schleifsteinverschleißzunahme vorhanden ist, und daß Steine mit Schleifkorn 320 gegenüber denen mit Schleifkorn 100 einen höheren Verschleiß aufweisen.

Von dem zu schleifenden Werkstück aus gesehen muß man unterscheiden, ob die Rauhigkeit oder die Oberflächenhärte für die Korrosionsbeständigkeit von größerer Bedeutung sind. Bei der Oberflächenausbildung zeigen sich im Naßschliff bei Siliciumcarbid-Steinen die günstigsten Eigenschaften, wobei die Körnung 100 gegenüber der Körnung 320 trotz der größeren Schleifkornabmessungen keine größeren Rauhtiefen ergibt. Von der Korrosionsbeständigkeit her betrachtet, ergeben sich bei den feineren Schleifmittelkörnungen 320 und hohem Schleifmittelanteil die besten Ergebnisse. Wesentlich sind aber bei der Höhe der erreichten Korrosionsbeständigkeit die durch die gewählte Spanungstiefe, das Schleifmittel und den Schleifmittelanteil sich einstellenden Temperaturverhältnisse in der Stahloberfläche (anlassen oder aufhärten).

9. Zusammenfassung

Die bei den mineralisch kaltgebundenen Schleifsteinen verwendeten Bindungen aus Magnesiumoxid und Magnesiumchlorid wurden in ihrem Verhalten auf die verwendeten Materialien und deren physikalische und zum Teil chemische Eigenschaften hin untersucht. Es wurde das Verhalten während der Abbindung beobachtet und in Bezug auf die erreichten Festigkeitseigenschaften (Druck-, Zug- und Biegefestigkeit sowie Härte) untersucht. Hierbei wurden die Umgebungseinflüsse, wie Raumtemperatur, Luftfeuchtigkeit sowie späteres Lagern in Leitungswasser oder der beim Schleifen verwendeten Kühlflüssigkeit mit in Betracht gezogen. Ausserdem wurde der Einfluß unterschiedlicher prozentualer Zusammensetzung auf die Festigkeit überprüft.

Weiter Festigkeitsuntersuchungen wurden an Proben, die mit den Schleifmitteln Korund, Regenerat oder Siliciumcarbid der Schleifmittelkörnung 100 und 320 sowie unterschiedlichem Schleifmittelanteil gefertigt wurden, durchgeführt.
Aus den Mischungen im Maximalbereich der Festigkeitseigenschaften wurden unter Verwendung größerer oder geringerer Anteile an Schleifmitteln Schleifsteine hergestellt bei gleichzeitiger Nachprüfung der Festigkeitseigenschaften dieser Mischung an besonderen mit den Steinen gefertigten Proben.

Die Schleifuntersuchungen erfolgten an gehärteten Chromstahlproben aus rostbeständigem Messerstahl X 45 MrMoV 15. Es wurden Temperaturmessungen in der Schleiffläche bei unterschiedlichen Spanungsdicken durchgeführt und unter gleichen Bedingungen Stahlproben geschliffen, um die Schleifwärme und die dadurch bedingten Änderungen der Eigenschaften zu bestimmen. Dabei wurde besonders der Einfluß auf Härte und Korrosionsbeständigkeit des Stahles ermittelt. Weitere Untersuchungen galten der Ausmessung der sich durch das Schleifen mit den unterschiedlichen Schleifsteinen ergebenden Oberflächenrauhigkeiten sowie der für das Schleifen benötigten Leistungenaufnahme. Auch der Steinverschleiß, bezogen auf die Menge des zerspanenden Stahles wurde bei der Auswerung mit berücksichtigt. Die einzelnen Eigenschaften sind in der beigefügten Aufstellung zusammengefaßt.

Schleif-mittel-	niedriger Schleifstein-verschleiß			niedriger Steinver-schleiß pro mm^3 Abschliff			geringer Leistungs-bedarf			niedrige Schleif-temperatur			geringe Rauhtiefe Ra			hohe Korrosions-beständig-keit		
Art / Anteil	h	m	n	h	m	n	h	m	n	h	m	n	h	m	n	h	m	n
Silicium-carbid 100										X	O		O	X	X	O		
Silicium-carbid 320									O					O	X	X		O
Normal-korund 100	O	X		X	X	O		O	O	O								
Normal-korund 320									X									
Regenerat 100	O	O		X	X	O		O	O									
Regenerat 320								O	O							X	O	O

Zusammenstellung der ermittelten Eigenschaften der Schleifsteine bzw. des Schleifprozesses bei Naßschliff und bei einer Spanungsdicke von 1 mm.
Günstige (O) und sehr günstige (X) Eigenschaften.

Literaturhinweise

Kaßner, B.
Ein Beitrag zur Kenntnis der Bildung von Magnesium-hydroxydchloriden und ihres thermischen Verhaltens.
TIZ - Z Bl. 82, 1958

Kallauner, O. und V. Stopka
Zur Kenntnis der Eigenschaften von Sorelzementen
Silikattechnik 5, 1954

Benkel, E.
Potentiometrische Studien an kaustisch gebranntem Magnesit und dessen Eigenschaften als Bindemittel in erhärteten Steinholzmassen.
Zement - Kalk - Gips Nr. 7, 1967

Steirische Magnesit - Industrie
Magnesit und Steinholz, 2. Auflage

DIN - Norm 273, Blatt 1
Ausgangsstoffe für Steinholz (kaustisch gebrannter Magnesit)

DIN - Norm, Blatt 2
Ausgangsstoffe für Magnesiaestriche (Magnesiumchlorid)

Held, F.
Untersuchungen an Magnesiumoxydzementen. Schweizer Archiv für angewandte Wissenschaft und Technik, 1945

Burkat, W. und K. Schmotz
Handbuch für das Schleifen und Polieren
4. Auflage

Fachverband Elektrokorund- und Siliziumkarbid
Hersteller e.V.
FEPA-Mikrokorngrößen-Standard für Schleifmittel-
korn, 1965
FEPA-Korngrößen-Standard für Schleifmittelkorn
zur Herstellung von Schleifkörpern, 1968

Peklenik, I.
Ermittlung von geometrischen und physikalischen Kenn-
größen für die Grundlagenforschung des Schleifens.
Dissertation, TH Aachen, 1957

König, W
Bestimmung der Schneidenraumstruktur von Schleifscheiben
Industrieanzeiger 96, Nr. 87, 1974

Lortz, W
Untersuchung des Schnittprozesses beim Schleifen
Industrieanzeiger 97, Nr. 5, 1974

Arbeitsgemeinschaften der Eisen- und Metallberufs-
genossenschaften
Sicherheit beim Schleifen, 1959

Weiss, Z.
Temperaturmessung in der Werkstückrandzone beim
Außenrundeinstechschleifen
Industrieanzeiger 96, Nr. 107/108, 1974

Stüdemann, H., H.- V. Lange und E. Lauterjung
Möglichkeiten des maschinellen Schleifens von rost-
beständigem Stahl unter besonderer Berücksichtigung
verschiedener Schleifsteinarten
Forschungsinstitut für Schneidwaren, Solingen
nicht veröffentlicht

Forschungsberichte des Landes Nordrhein-Westfalen:
(Westdeutscher Verlag, Köln und Opladen)

Nr. 1943 Opitz, H. und O. Daude,
Untersuchungen der Zusammenhänge zwischen dem Aufbau
von Schleifscheiben und dem Arbeitsergebnis (1968)

Nr. 2409 Stüdemann, H., H.- V. Lange und E. Lauterjung
Auswirkungen des Schleifens bei der Feinstbearbeitung
von rostbeständigem Stahl (1978)

Nr. 224 Stüdemann, H. und R. Beu
Verfahren zur Prüfung der Korrosionsbeständigkeit von
Messerklingen aus rostfreiem Stahl (1956)

Nr. 2800 Stüdemann, H., E. Lauterjung und R. Grube
Die Gebrauchseigenschaften des Stahles X 45 CrMoV 15
bei der Verwendung als Messerstahl und sein Verhalten bei
der Warmformgebung (1978)

GPSR Compliance

The European Union's (EU) General Product Safety Regulation (GPSR) is a set of rules that requires consumer products to be safe and our obligations to ensure this.

If you have any concerns about our products, you can contact us on ProductSafety@springernature.com

In case Publisher is established outside the EU, the EU authorized representative is:

Springer Nature Customer Service Center GmbH
Europaplatz 3
69115 Heidelberg, Germany

Batch number: 10584556

Printed by Printforce, the Netherlands